Gerhard H. Jirka, Cornelia Lang

Einführung in die Gerinnehydraulik

Einführung in die Gerinnehydraulik

von

Gerhard H. Jirka
Cornelia Lang

universitätsverlag karlsruhe

Impressum

Universitätsverlag Karlsruhe
c/o Universitätsbibliothek
Straße am Forum 2
D-76131 Karlsruhe
www.uvka.de

Universitätsverlag Karlsruhe 2009
Print on Demand

ISBN: 978-3-86644-363-1

Vorwort

Das vorliegende Lehrbuch wurde für die Studierenden im Studiengang „Bauingenieurwesen" in der Fakultät für Bauingenieur-, Geo- und Umweltwissenschaften der Universität Karlsruhe angefertigt. Es dient zur Unterstützung der Vorlesungen im Kurs „Gerinnehydraulik" im 4. Semester des Studiengangs. Weitere das Thema ergänzende und bereichernde Kurselemente sind Labordemonstrationen, Video- und Multimediamaterial, praktische Anwendungsbeispiele, sowie Übungsvorlesungen, Tutorien und Hausarbeiten.

Die Herausgabe der 1. Auflage des Lehrbuchs in Form eines Skriptums im Jahre 2004 wurde von Herr Dipl.-Ing. Martin Detert koordiniert. Die Überarbeitung dieser 2. Auflage wurde von Herr Dipl.-Ing. Nikolai Stache und Herr cand.-Ing. Samuel Huber durchgeführt.

Gerhard H. Jirka, Cornelia Lang

März 2009

Inhaltsverzeichnis

Verzeichnis der Formelzeichen

Nur mehrfach verwendete Zeichen sind hier aufgeführt.

Symbol	*Einheit*	Bedeutung
A	m^2	Querschnittsfläche
A_p	m^2	Querschnittsfläche eines Körpers normal zur Strömung
a	m	Wellenamplitude (Abschn. 5.1)
B	m	Gerinnebreite
C	variabel	Integrationskonstante
C_c	–	Einschnürungskoeffizient
C_Q	–	Abflußbeiwert
C_W	–	Widerstandsbeiwert von umströmten Körpern
c	m/s	Fortpflanzungsgeschwindigkeit einer Oberflächenstörwelle
D	m	Durchmesser
E	m	spezifische Energiehöhe in Gerinneströmung
F_W	N	Widerstandskraft, Strömungswiderstand
Fr	–	Froudezahl
g	$\mathrm{m/s}^2$	Erdbeschleunigung
G	N	Gewichtskraft
H	m	Energiehöhe
h	m	Wassertiefe
$\overline{h}$	m	mittlere Wassertiefe
h_c	m	kritische Wassertiefe
h_v	m	Energieverlusthöhe
I_e	–	Energiegefälle
I_p	–	Druckgefälle
I_o	–	Sohlgefälle
k_s	m	Rauheit
k_{St}	$\mathrm{m}^{1/3}/\mathrm{s}$	Strickler-Beiwert (Gleichung (2.17))
L	m	Länge
L_j	m	Wechselsprunglänge

Symbol	*Einheit*	Bedeutung
n	m	Koordinate normal zur Stromlinie
P	m	benetzter Umfang (Perimeter)
P_v	W	Leistungsverlust
p	Pa	Druck
Q	m^3/s	Durchfluss
q	m^2/s	Durchfluss pro Breiteneinheit, spezifischer Durchfluss
R_o	m	Krümmungsradius
R_h	m	hydraulischer Radius
r	m	Radius, Radialkoordinate
Re	–	Reynoldszahl
s	m	Länge, natürliche Koordinate (Distanz) entlang der Stromlinie
s	m	Schützöffnung (Abschn. 3.3.2)
T	m	Wellenperiode (Abschn. 5.1)
t	s	Zeit
u	m/s	Geschwindigkeit (in x-Richtung)
u_*	m/s	Schubspannungs- (Reibungs-)geschwindigkeit
V	m/s	mittlere Geschwindigkeit in Hauptströmrichtung
$\forall$	m^3	Volumen
v	m/s	Geschwindigkeit in y-Richtung
We	–	Weberzahl
w	m/s	Geschwindigkeit in z-Richtung
w	m	Wehrhöhe (Abschn. 3.3.1)
x, y, z	m	kartesische Koordinaten
y	m	Wandkoordinate (-abstand) bei G.S.
z	m	Lagenhöhe relativ zu Bezugsniveau

Symbol	*Einheit*	Bedeutung
α	–	Energieungleichförmigkeitskoeffizient
β	–	Impulsungleichförmigkeitskoeffizient
β	–	Strömungswinkel in Schussrinnen
γ	N/m^3	spezifisches Gewicht
Δ	variabel	differentieller Betrag
ε	m^2/s^3	Energiedissipationsrate (Gleichung (2.22))
ζ	–	Verlustbeiwert für örtliche Verluste (Gleichung (2.28))
η	m	Wellenform (Abschn. 5.1)

Symbol	*Einheit*	Bedeutung
θ	–	Winkel
κ	–	von-Karman-Kappa, $\kappa = 0{,}4$
λ	–	Reibungsbeiwert nach Darcy-Weisbach (Gleichung (2.15))
λ	m	Wellenlänge (Abschn. 5.1)
μ	$\mathrm{Ns/m^2}$	dynamische Viskosität (Zähigkeit)
ν	$\mathrm{m^2/s}$	kinematische Viskosität (Zähigkeit)
Π	–	Nachlaufparameter (Gleichung (2.8b)), $\Pi = 0{,}2$ bei $\mathrm{Re}_h > 5 \times 10^4$
π	–	3,14159
ρ	$\mathrm{kg/m^3}$	Dichte
σ	$\mathrm{N/m}$	Oberflächenspannung
τ	$\mathrm{N/m^2}$	Schubspannung
τ_o	$\mathrm{N/m^2}$	Sohlschubspannung

Indizes

'	Wert für turbulente Schwankungen
$^-$	mittlerer Wert
atm	atmosphärisch
c	kritisch
D	Bemessungsfall („Design“)
h	Hydraulischer Radius
krit	kritisch
max	maximal
min	minimal
n	normal
o	Referenzwert 0, an Sohle
ü	Überstau
t	tangential
w	Wehr
x, y, z	bezogen auf die Richtung

Abkürzungen

A.K.	Abflusskontrolle
D.L.	Drucklinie
E.L.	Energielinie
G.S.	Grenzschicht
HQ, MQ, NQ	Hoch-, Mittel- Niedrigwasserdurchfluss
K.O.	Kontrolloberfläche
K.V.	Kontrollvolumen
OW	Oberwasser
S	Staupunkt
UW	Unterwasser

Literaturverzeichnis

Chow, V. T., 1959, *Open-Channel Hydraulics*, McGraw-Hill Book Company, New York

DVWK (Deutscher Verband für Wasserwirtschaft und Kulturbau), 1991, *Hydraulische Berechnung von Fließgewässern*, Merkblätter zur Wasserwirtschaft, Heft 220

DVWK (Deutscher Verband für Wasserwirtschaft und Kulturbau), 1999, *Numerische Modelle von Flüssen, Seen und Küstengewässern*, Schriften, Heft 127

Henderson, F. M., 1966, *Open Channel Flow*, The Macmillan Company, New York

Ikeda, S. und Parker, G., 1989, *River Meandering*, American Geographic Union, Water Resources Monograph, Nr. 12

Ippen A. T., 1966, *Estuary and Coastline Hydrodynamics*, Engineering societies monographs, New York

Jirka, G. H., 2007, *Einführung in die Hydromechanik*, Institut für Hydromechanik, Universität Karlsruhe, Universitätsverlag Karlsruhe, 3. Auflage, ISBN: 978-3-86644-158-3

Naudascher, E., 1992, *Hydraulik der Gerinne und Gerinnebauwerke*, Springer-Verlag, Wien, New York, 2. Auflage

Nezu, I. und Nakagawa, H., 1993, *Turbulence in Open-Channel Flow*, A. A. Balkema, Rotterdam

Preißler, G. und Bollrich, G., 1985, *Technische Hydromechanik*, VEB Verlag für Bauwesen, Berlin

Roberson, J. A., Cassidy, J. J. und Chaudhry, M. H., 1998, *Hydraulic Engineering*, John Wiley and Sons, New York, 2. Edition

Rouse, H., 1950, *Engineering hydraulics*, John Wiley and Sons, New York

Rouse, H., 1961, *Fluid Mechanics for Hydraulic Engineers*, Dover Publ., New York

Schröder R. und Zanke U., 2003, *Technische Hydraulik*, Springer-Verlag, 2. Auflage, Wien, New York

Strickler A., 1923, Beiträge zur Frage der Geschwindigkeitsformel und der Rauhigkeitszahlen für Ströme, Kanäle und geschlossene Leitungen, *Mitteilungen des Eidgenössischen Amtes für Wasserwirtschaft*, 16, Bern

Vischer, D. L. und Hager, W. H., 1999, *Dam Hydraulics*, John Wiley and Sons, Chichester, New York

Kapitel 1

Einleitung und Definitionen

Gerinneströmungen nennt man Strömungen, bei denen ein dichtes Fluid, das durch eine Zwischenfläche von einem darüber liegenden leichteren Fluid getrennt ist, unter Schwerkrafteinfluss in einem offenen Querschnitt fließt.

Der wichtigste Fall von Gerinneströmungen sind **Wasserströmungen mit freier Oberfläche** wie in Flüssen oder Kanälen. Die freie Oberfläche, also der Wasserspiegel, trennt die Wasserströmung von der darüber liegenden Luftschicht (siehe Abb. 1.1). Da die Dichte der Luft wesentlich kleiner als die des Wassers ist, kann die Dynamik der Luftströmung (z. B. Schereffekte) dabei fast immer vernachlässigt werden[1].

Strömungen in offenen Gerinnen haben neben Flüssen und Kanälen viele andere Anwendungen im Bau- und Umweltingenieurwesen, wie z. B. bei Be- und Entwässerungsanlagen, bei Regenüberläufen und teilgefüllten Abwasserkanälen und bei Wasseraufbereitungs- bzw. Kläranlagen, in der Verfahrenstechnik und in der Metallverarbeitung, z. B. flüssiges Metall bei Gussverfahren.

Das ingenieurorientierte Fachgebiet der „Gerinnehydraulik“ beruht auf den wissenschaftlichen Grundlagen der Hydromechanik (siehe Abschn. 1.2HM[2]), verwendet aber zum Großteil stark vereinfachende **eindimensionale Strömungsbeschreibungen**. Wesentliche Strömungsgrößen, wie z. B. die Fließgeschwindigkeit, werden dabei meist tiefen- bzw. querschnittsgemittelt betrachtet und die Änderung dieser Größen wird in der Strömungsrichtung, d.h. mit einer Koordinate x an den oft gewundenen Gerinneverlauf angepasst (Abb. 1.1(c)), beschrieben.

Das Hauptcharakteristikum von Gerinneströmungen ist der örtlich und zeitlich variable Strömungsquerschnitt. Bei voll gefüllten Rohrströmungen (siehe Fachgebiet „Rohrhydraulik“) ist der Querschnitt vorgegeben und je nach Strömungsverhältnissen stellt sich ein variabler Druck

[1] Ausnahmen sind z. B. Hochgeschwindigkeitsströmungen bei Überfallwehren an hohen Dämmen. Hier können die Scherspannungen an der Luft-Wasser-Zwischenfläche und damit verbundene Instabilitätseffekte, die zu Lufteinmischung führen, so groß werden, dass sie in der Analyse berücksichtigt werden müssen (siehe Wood, 1991).

[2] Der Zusatzausdruck HM bedeutet einen Querverweis auf das Lehrbuch „Einführung in die Hydromechanik“ (Jirka, 2007) und kann sich auf Kapitel, Abschnitte, Abbildungen, Tabellen bzw. Gleichungen beziehen, z. B. Abb. 2.2HM oder Gl. (3.3)HM.

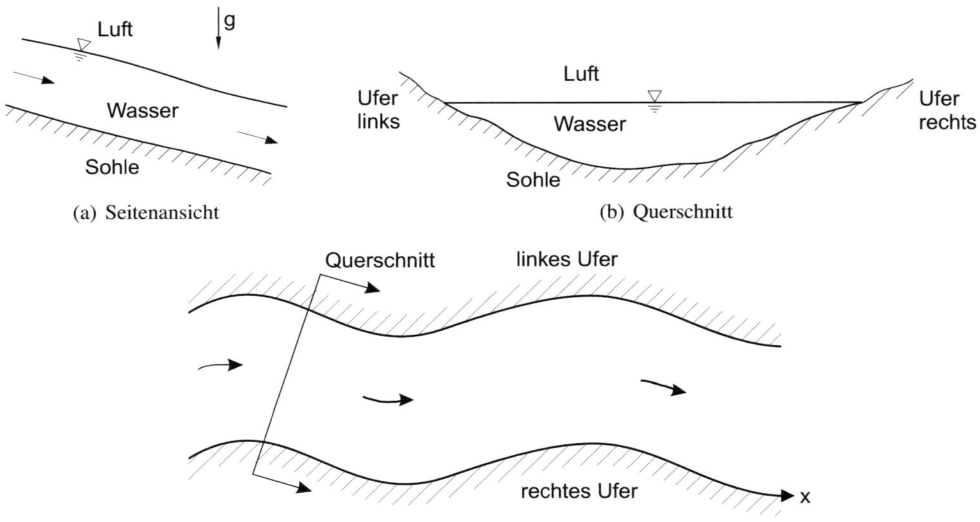

(a) Seitenansicht (b) Querschnitt

(c) Draufsicht

Abb. 1.1: Gerinneströmung mit freier Wasseroberfläche (Beispiel Fluss)

ein. Bei Gerinneströmungen dagegen entspricht dem variablen Druck eine variable Wasseroberfläche, da Wasserspiegel und Drucklinie identisch sind. Gerinneströmungen haben also einen zusätzlichen Freiheitsgrad, der ihre Analyse erschwert.

Das Grundprinzip von schwerkraftbeeinflussten Gerinneströmungen gilt auch für sogenannte **Schichtströmungen**, in denen sich ein oder mehrere Fluidschichten, die sich in ihrer Dichte unterscheiden, bewegen. Beispiele hierzu sind schwebstoffführende, also schwere Dichteströme, die in natürliche Seen oder Stauseen fließen, sowie Schichtströmungen in Ästuarien, die sich aus der Wechselwirkung zwischen Süßwasser aus Flüssen und dem Salzwasser im Meer ergeben. Atmosphärische Beispiele sind kalte (oft neblige) Luftströmungen in Tälern. Bei der Analyse dieser Strömungstypen sind die Verhältnisse an den Schichtzwischenflächen, wie Impulsaustausch und Mischprozesse, zu beachten.

1.1 Gerinnequerschnitte

Die Gerinnequerschnittsform, auch Gerinneprofil genannt, ist ein wesentlicher Faktor bei Gerinneströmungen, da sich am benetzten Umfang der Impulsaustausch, in Form von Schubspannungen, zwischen der Strömung und der festen Berandung abspielt. Wie schon im Falle von nicht-kreisförmigen Rohrströmungen (siehe Abschn. 8.4.2HM) ist hier das Konzept des hydraulischen Radiuses, R_h, Gl. (8.30HM), als Quotient von Querschnittsfläche durch benetzten Umfang von Bedeutung.

1.1.1 Künstliche Gerinneprofile

Das **Rechteckprofil** (Abb. 1.2) mit Breite B ist hier der wesentliche Grundfall. Bei einer bestimmten Wassertiefe[3] h, somit Querschnittsfläche $A = Bh$ und benetzter Umfang $P = B + 2h$, ergibt sich der hydraulische Radius R_h

$$R_h = \frac{A}{P} = \frac{h}{1 + 2h/B} \tag{1.1}$$

Für ein sehr **breites Gerinne**, $\frac{h}{B} \to 0$, reduziert sich Gl. (1.1) zu

$$R_h = h \tag{1.2}$$

Dies stellt einen wichtigen Referenzfall, nämlich die „zweidimensionale Gerinneströmung" dar, mit der Hauptfliessrichtung als erste Dimension und der vertikalen Richtung als zweite.

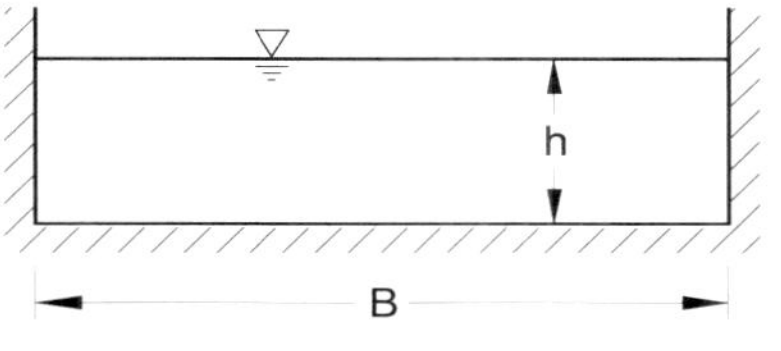

Abb. 1.2: Gerinneströmung mit Rechteckprofil

Ein häufig vorkommendes Profil bei künstlichen Kanälen ist das **Trapezprofil** (Abb. 1.3(a)) mit Böschungsneigung m. Bei nicht vollgefüllten Rohren, z. B. in städtischen Abwasserkanälen, findet man ein **teilgefülltes Kreisprofil** (Abb. 1.3(b)).

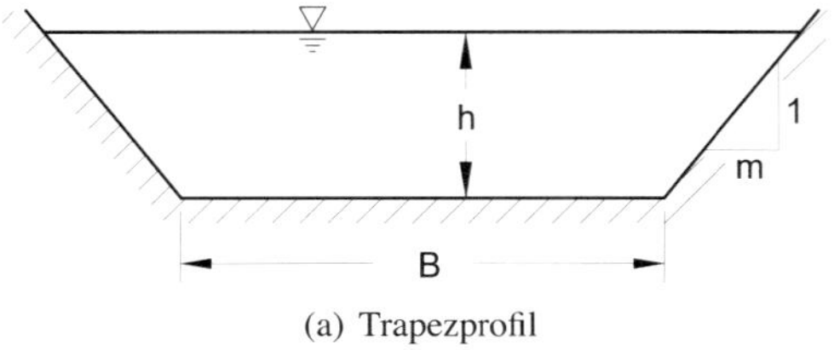

(a) Trapezprofil

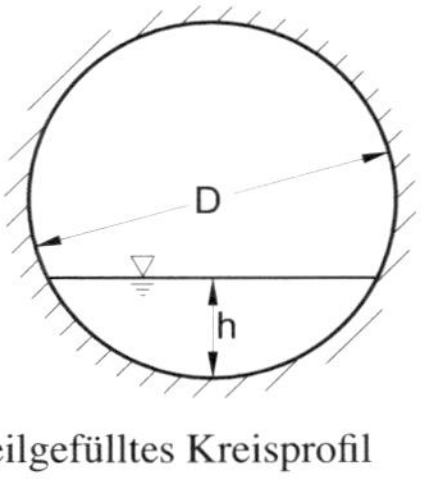

(b) Teilgefülltes Kreisprofil

Abb. 1.3: Gerinnequerschnitte bei künstlichen Kanälen

[3] In der älteren Literatur stellt meist das Symbol y die Wassertiefe dar. Dies führt aber zu Verwechslungen bei zwei- bzw. dreidimensionalen Strömungsberechnungen, wo y für eine Koordinatenrichtung steht. Daher wird in diesem Skript das Symbol h verwendet.

Bei regulierten Flüssen werden oft **Verbund- bzw. gegliederte Profile** (Abb. 1.4) angelegt, die den Fluß in ein Hauptgerinne, das bis zum Mittelwasserabfluß (MQ) gefüllt ist, und ein zusätzliches Überschwemmungsgerinne, das nur bei Hochwasserabflüssen (HQ) gefüllt ist, unterteilen.

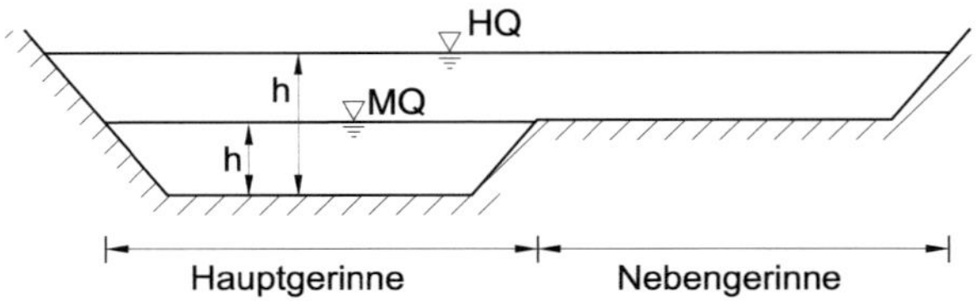

Abb. 1.4: Verbundprofil bestehend aus Hauptgerinne (bei Niedrig- bis Mittelwasserabflüssen) und Überschwemmungsgerinne (bei Hochwasserabflüssen)

1.1.2 Natürliche Gerinneprofile

Natürliche Flussprofile sind dagegen unregelmäßig ausgebildet. Die Wassertiefe h wird hierbei am tiefsten Punkt des Profils definiert (Abb. 1.5). Die Verbindungslinie der tiefsten Punkte in Fließrichtung von Profil zu Profil nennt man Talweg.

Natürliche Flussprofile resultieren aus der Wechselwirkung zwischen der Flussströmung und dem umgebenden Berandungsmaterial an Sohle bzw. Ufer und können sich über mehr oder weniger lange Zeiträume beträchtlich ändern. Ist die Berandung fest (z. B. Felsgestein), so ist das Profil zeitlich relativ stabil. Ist der Fluss aber in bewegliches Material eingebettet (z. B. kohä sionsloses Lockermaterial wie Schluff, Sand, Kies oder Geröll, oder kohäsives Tonmaterial), so können je nach den beanspruchenden Strömungskräften örtliche und zeitliche Veränderungen in den Flussprofilen stattfinden. Aspekte des Sedimenttransportes mit Erosions- bzw. Depositionszonen, und der daraus resultierende Flussmorphologie werden in diesem Text nicht weiter angesprochen.

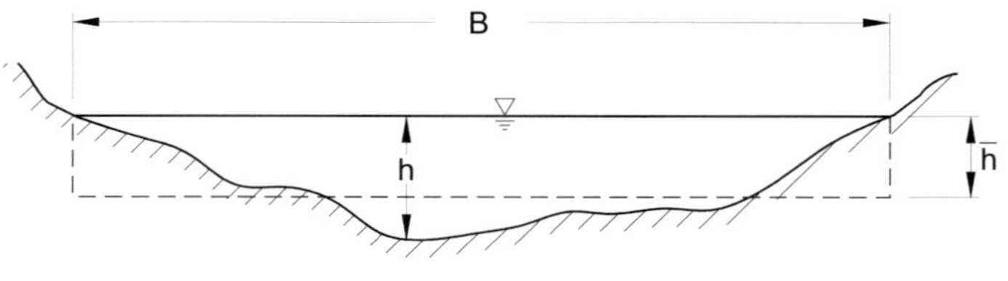

Abb. 1.5: Natürliches Flussprofil

Für alle gegebenen Profilformen – ob künstlich oder natürlich – kann der jeweilige hydraulische Radius $R_h = A/P$ bestimmt werden, was für die Berechnung der Abflussverhältnisse (siehe Kap. 2) nötig ist. Dabei ist zu beachten, dass der hydraulische Radius eine Funktion des Wasserstandes ist, da $R_h(h) = A(h)/P(h)$.

Für die Praxis wichtig ist außerdem die Tatsache, dass bei Flüssen und Kanälen die Profilbreite B meist vielfach größer als die Wassertiefe h ist, $B \gg h$. Unter diesen Verhältnissen ergibt sich

$$R_h \approx \overline{h} \tag{1.3}$$

wobei $\overline{h}$ die mittlere Wassertiefe eines Querschnittes ist (siehe Abb. 1.5).

Zu beachten ist auch, dass in der Praxis die Querschnittsprofile von natürlichen Gerinnen meist verstärkt überhöht dargestellt werden. Dies ist in Abb.1.6 beispielhaft dargestellt.

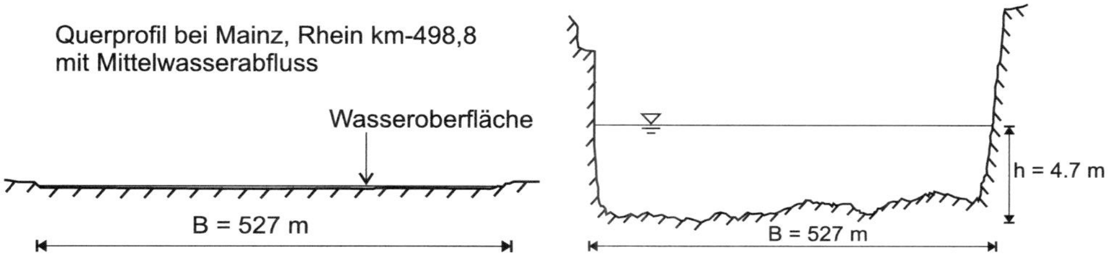

(a) Nicht überhöhte Darstellung (b) 30-fach überhöhte Darstellung

Abb. 1.6: Querprofil des Rheins bei Mainz

1.2 Klassifizierung der Gerinneströmungen

Gerinneströmungen können nach vier Kriterien klassifiziert werden (Rouse, 1950): der räumlichen Variation, der zeitlichen Variation, dem internen Fließzustand, und der Reaktion auf Randeinwirkungen.

1.2.1 Räumliche Variation

Im Bezug auf die räumliche Variation können Gerinneströmungen **gleichförmig** oder **ungleichförmig** sein. Hierzu zeigt Abb. 1.7 in Seitenansicht ein langes Gerinne (gekennzeichnet durch ein konstantes Gefälle I_o, konstante Breite und konstante Rauheit). Die Strömung wird durch einen Ausfluss aus einem See gespeist und endet in einem Überfall. Sowohl durch Ausfluss (mit eventuellen lateralen Zuströmverhältnissen) als auch durch Überfall ergeben sich Bereiche von ungleichförmigen Strömungen. Ist das Gerinne aber genügend lang, so findet sich ein Bereich einer gleichförmigen Strömung, in dem ein konstantes Gleichgewicht zwischen Schwerkräften und Reibungskräften gegeben ist. Strömungscharakteristiken wie Wassertiefe, Geschwindigkeit und deren Verteilung ändern sich in Strömungsrichtung nicht. Der Wasserspiegel, gleich der Drucklinie D.L., ist beim gleichförmigen Abfluss parallel zur Sohle und auch parallel zur Energielinie E.L. (nicht eingezeichnet in Abb. 1.7).

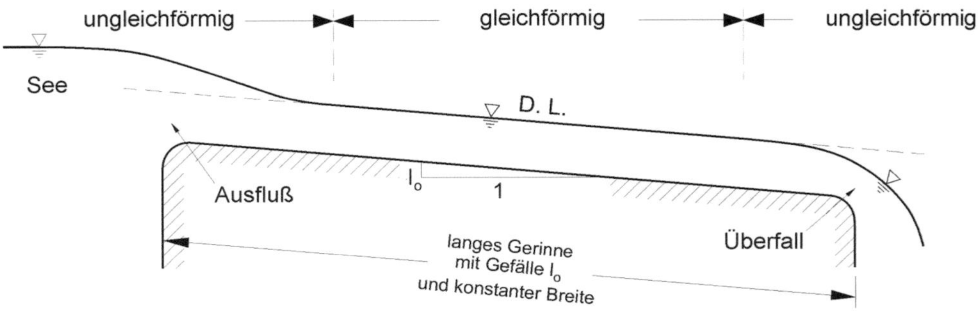

Abb. 1.7: Seitenansicht einer Gerinneströmung

Die Strömungsänderungen im ungleichförmigen Bereich werden durch lokale Beschleunigungen, gegeben durch Profil-, Sohl- bzw. Rauheitsänderungen, verursacht. Dabei kann zusätzlich eine Unterteilung in **stark ungleichförmige** (aufgrund von Bauwerken oder starken Querschnittsänderungen im Gerinne, wie bei Wehren, Schützen, Überfällen etc.) und **leicht ungleichförmige** Strömungen (aufgrund von geometrischen Gefällen oder Rauheitsänderungen) erfolgen. In erstem Fall sind die Änderungen auf einen lokalen Bereich beschränkt. Im zweiten Fall dagegen können sich die Änderungen über große Distanzen in Form von sogenannten Wasserspiegelprofilen abwickeln.

Leicht ungleichförmige Strömungen zeichnen sich dadurch aus, dass sich Änderungen der Wasserspiegellage über große Distanzen vorwiegend durch Wand- und Sohlwiderstand verursacht einstellen. Die verschiedenen Formen der Wasserspiegelprofile werden in Kapitel 4 behandelt.

Als stark ungleichförmig werden diejenigen Strömungen bezeichnet, bei denen Änderungen der Wasserspiegellage auf einen lokalen Bereich (z.B. Bauwerke wie Wehre, Schütze, Überfälle oder starke Querschnittsänderungen wie Abstürze und Einengungen) beschränkt sind und durch Beschleunigungen und Verzögerungen hervorgerufen werden. Das Kapitel 3 ist diesen Strömungssituationen gewidmet.

1.2.2 Zeitliche Variation

Nach der zeitlichen Variation unterteilt man in **stationäre** und **instationäre** Gerinneströmungen. Die Strömung in Abb. 1.7 wurde z.B. implizit als stationär, also zeitunabhängig, angenommen. Wird aber etwa der Wasserstand im See für eine Zeit angehoben und dann wieder abgesenkt, so ergibt sich eine instationäre, wellenartige Strömung im Gerinne, wie in Abb. 1.8 angedeutet.

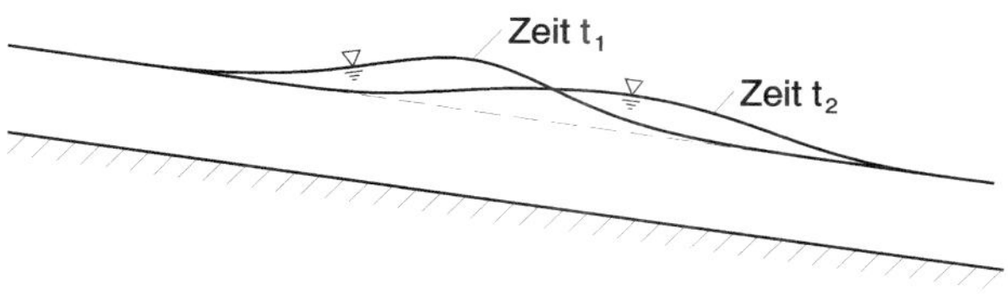

Abb. 1.8: Instationäre Gerinneströmung mit progressiver Einzelwelle

Solche instationäre Strömungsabläufe treten in Flüssen als Folge von Hochwasserwellen oder in Ästuarien als Gezeitenwellen auf. Auch künstlich erzeugte instationäre Strömungen, wie Schwall- oder Sunkwellen durch Öffnen bzw. Schließen von Wehren, und Dammbruchwellen gehören in diese Kategorie. Schließlich sind auch periodische Oberflächenwellen, wie z. B. durch Wind erzeugte Meereswellen, ein Spezialfall von instationären Gerinneströmungen. Eine Übersicht instationärer Strömungen wird in Kapitel 5 gegeben.

1.2.3 Interner Fließzustand und Geschwindigkeitsverteilung

Nach dem internen Fließzustand sind Gerinneströmungen entweder laminar oder turbulent. Dies wird charakterisiert durch die Reynoldszahl, die auf dem hydraulischen Radius basiert,

$$\mathrm{Re}_h = \frac{V R_h}{\nu} \tag{1.4}$$

wobei V die mittlere Geschwindigkeit und ν die kinematische Viskosität ist. Wird das wohlbekannte Kriterium für Rohrströmungen $Re_{\mathrm{krit}} \approx 2000$ (basierend auf dem Rohrdurchmesser) benutzt, so ergibt sich aufgrund von $D = 4R_h$ (siehe Abschn. 8.4.2HM),

$$\mathrm{Re}_{h,\mathrm{krit}} \approx 500 \tag{1.5}$$

für den Umschlagpunkt von laminar zu turbulent bei Gerinneströmungen. Dieses ist auch experimentell bestätigt.

$\mathrm{Re}_h \lesssim 500$: Die **laminare Gerinneströmung** (siehe Abschn. 7.1.3HM) hat eine parabolische Geschwindigkeitsverteilung, Gl. (7.14HM). Hauptanwendungen liegen bei flächigen Abflüssen in dünnen Schichten, wie bei Entwässerung von Straßen, Parkplätzen, Flugpisten, bei denen kleine Wassertiefen, etwa nach einem Regenereignis, auftreten.

$\mathrm{Re}_h \gtrsim 500$: In der Mehrzahl der praktischen Anwendungen existiert eine **turbulente Gerinneströmung**. Sie ist in starker Analogie zur Grenzschichtströmung entlang ei-

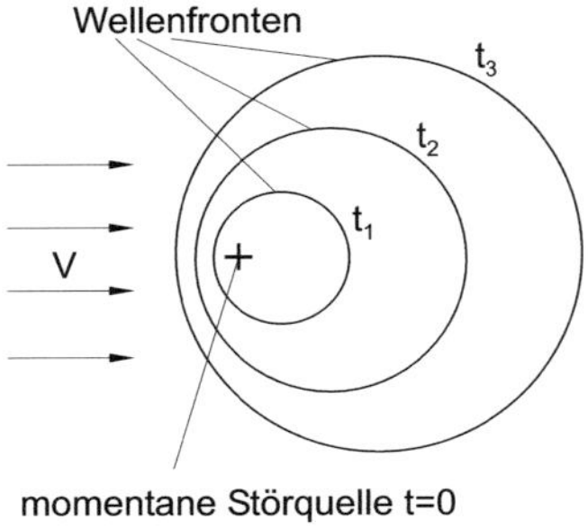

(a) Strömender (unterkritischer) Abfluss (Fr < 1)

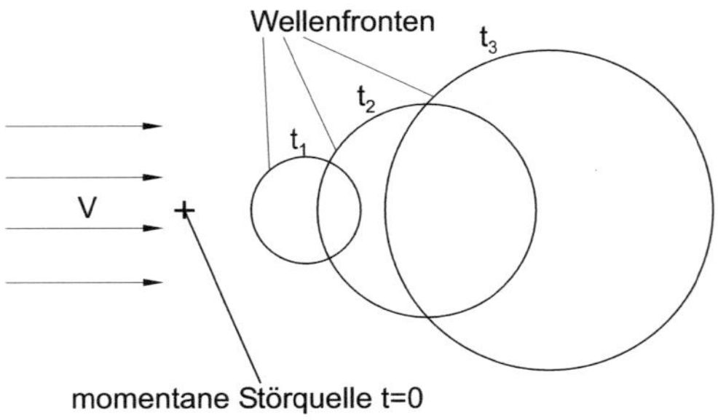

(b) Schießender (überkritischer) Abfluss (Fr > 1)

Abb. 1.9: Sukzessive Wellenfronten erzeugt durch eine momentane Störquelle (Draufsicht)

ner Platte (Abschn. 7.2.2HM) durch die logarithmische Geschwindigkeitsverteilung geprägt.

Im Weiteren werden in diesem Text ausschließlich turbulente Strömungen betrachtet.

1.2.4 Randeinwirkungen

Die Anwendung der Impulsgleichung auf eine kleine Störwelle in einem stehenden Gewässer mit Tiefe h (siehe Abschn. 4.2.1HM, Gl. 4.50HM) ergibt deren Fortpflanzungsgeschwindigkeit[4]

$$c = \sqrt{gh} \tag{1.6}$$

Je nachdem, ob die Fließgeschwindigkeit V größer oder kleiner als c ist, kann sich also der Störeffekt, d.h. die Randeinwirkung, in beide Richtungen oder aber nur stromabwärts bemerkbar machen. Dieses Verhältnis ist aber durch die Froudezahl

$$\mathrm{Fr} = \frac{V}{c} = \frac{V}{\sqrt{gh}} \tag{1.7}$$

gegeben.

Solche Störeffekte können entweder durch eine momentane, punktförmige Störquelle (siehe Abb. 1.9) oder durch ein permanentes, über den gesamten Querschnitt reichendes Störelement (siehe Abb. 1.10) erzeugt werden.

$\mathrm{Fr} < 1$: Bei kleinen Froudezahlen existiert **strömender oder unterkritischer Abfluss**. Wie in Abb. 1.9(a) bzw. 1.10(a) skizziert, wird die Strömung durch den Randeinfluss in beide Richtungen beeinflusst.

[4]Voraussetzung für eine Störwelle nach Gl. (1.6) ist eine sogenannte Flachwasserwelle, d.h. mit Wellenlänge größer als Wassertiefe (siehe Abschn. 5.1).

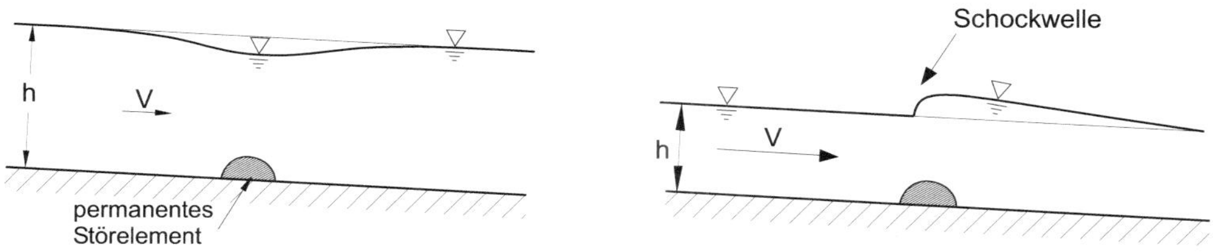

(a) Strömender (unterkritischer) Abfluss (Fr < 1)　　(b) Schießender (überkritischer) Abfluss (Fr > 1)

Abb. 1.10: Beeinflussung des Wasserspiegels durch ein permanentes Störelement (Seitenansicht)

Fr > 1: Bei großen Froudezahlen ergibt sich **schießender oder überkritischer Abfluss** (Abb. 1.9(b) bzw. 1.10(b)). Hier macht sich die Störung nur in Strömungsrichtung bemerkbar. Typisch sind dabei auch schock- oder sprungartige Störeffekte direkt oberstrom des Störelements.

Daraus folgt dass sich bei schießenden Abflussverhältnissen das Störelement grundsätzlich im Oberwasser befindet (d.h. oberwasserseitige Kontrolle) und die Störwellen sich nach unterstrom ausbreiten. Entsprechend breiten sich bei strömenden Abflussverhältnissen die Störwellen von einem unterstromigen Störelement aus nach oberstrom aus.

Störelemente, die eine Veränderung des Wasserspiegelverlaufs infolge permanenter Störwellen erzeugen, können sein:

- Bauwerke im Gerinne (sog. Kontrollbauwerke, wie Wehre, Schütze, Schwellen), die in der Regel einen Wechsel von strömenden zu schießenden Abflussverhältnissen verursachen (Kapitel 3),
- Lokale Erweiterungen/Verengungen im Gerinne (Kapitel 2), und
- Querschnitte, bei denen ein Neigungswechsel bzw. ein Rauheitswechsel stattfindet.

Randeinflüsse haben einen entscheidenden Einfluss auf die Strömungsverhältnisse in einzelnen Gerinneabschnitten, was durch den Verlauf der Wasserspiegellage sichtbar wird.

Kapitel 2

Fließwiderstand und turbulente Strömungseigenschaften

Bei turbulenten Gerinneströmungen ist der Fließwiderstand am benetzten Gerinneumfang direkt gekoppelt mit dem turbulenten Impulsaustausch, der in der Strömung selbst stattfindet und auch die Geschwindigkeitsprofile dominiert. In der Praxis wird der Fließwiderstand durch sogenannte „Fließformeln" beschrieben, die einem quadratischen Widerstandsansatz (vgl. Abschn. 8.4.2HM) entsprechen. Zusätzliche Fließwiderstände an Strömungsübergängen bzw. Einbauten im Gerinne können durch örtliche Energieverluste angesetzt werden.

2.1 Gleichförmige Gerinneströmungen

2.1.1 Breite Gerinne: Schubspannungsverteilung und Geschwindigkeitsprofile

In diesem Abschnitt werden Gerinneströmungen mit großer Breite, $B \gg \overline{h}$, für welche $R_h = h$ gilt, als grundsätzlicher Referenzfall betrachtet. Dies entspricht dem Fall einer vorwiegend „zweidimensionalen Gerinneströmung".

Abb. 2.1 gibt ein Definitionsdiagramm für eine gleichförmige Gerinneströmung mit Wassertiefe h über eine geneigte Sohle mit Neigungswinkel θ. Eine gleichförmige Gerinneströmung ist durch ein einfaches Kräftegleichgewicht zwischen der Gewichtskomponente in Strömungsrichtung und der Schubspannungskraft gegeben. Für das in Abb. 2.1 festgelegte K.V. drückt sich dies als

$$\gamma(h-y)\Delta x \sin\theta - \tau\Delta x = 0 \tag{2.1}$$

aus, wobei $\gamma = \rho g$ = spezifisches Gewicht, ρ = Wasserdichte, g = Erdbeschleunigung, y = Wandkoordinate (normal von Sohle weg gemessen), Δx = Länge des K.V. und τ = interne

Schubspannung. Nach Eliminierung von Δx ergibt sich die **lineare Schubspannungsverteilung**

$$\tau = \gamma \sin\theta (h-y) \tag{2.2a}$$

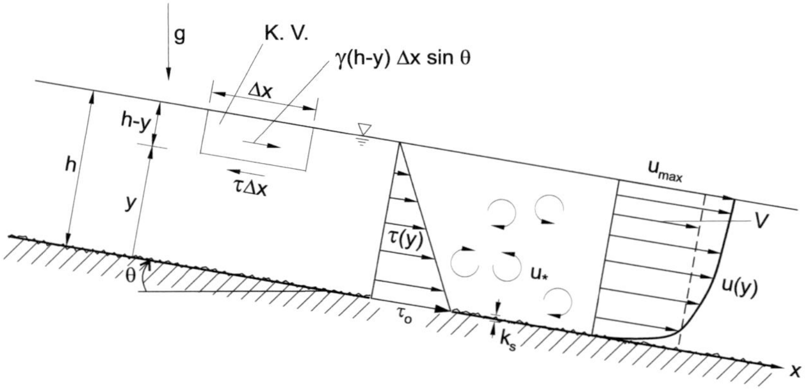

Abb. 2.1: Gleichförmige turbulente Gerinneströmung mit K.V. und Profilen für die Schubspannung τ und Geschwindigkeit u als Funktion der Wandkoordinate y

Bei Gerinnen mit kleinen **Sohlgefällen** I_o gilt $\sin\theta \approx \tan\theta = I_o$, demnach

$$\tau = \gamma I_o (h-y) \tag{2.2b}$$

Da Flüsse oder Kanäle selbst bei einem Gefälle von 1% ($I_o = 0{,}01$) schon als sehr steil betrachtet werden können, ist die Annäherung nach Gl. (2.2b) für die Praxis fast immer gültig.

Eine lineare Schubspannungsverteilung gilt in allen Gerinneströmungen mit breitem Querschnitt, unabhängig vom internen Fließzustand, also ob laminar oder ob turbulent. An der Sohle ($y = 0$) herrscht die maximale **Sohlschubspannung**

$$\tau_o = \gamma I_o h \tag{2.3a}$$

In kinematischer Form wird die Größe der Sohlschubspannung als die **Schubspannungs- oder Reibungsgeschwindigkeit** u_* ausgedrückt

$$u_* = \sqrt{\frac{\tau_o}{\rho}} \tag{2.3b}$$

Die in der Praxis wichtigen Strömungen mit hoher Reynoldszahl sind durch turbulente Impulsaustauschvorgänge in Form von fluktuierenden Wirbelbewegungen geprägt, die auf das mittlere

Strömungsprofil $u(y)$ (siehe Abb. 2.1) überlagert sind. Diese internen Turbulenzmechanismen kontrollieren zwei Aspekte:

- Die **Form** des resultierenden Geschwindigkeitsprofils $u(y)$:
  Für eine gegebene Reibungsgeschwindigkeit und abhängig von der Sohlrauheit k_s ergibt sich das logarithmische Geschwindigkeitsprofil, das im weiteren hergeleitet wird.
- Die **Größe** der Geschwindigkeiten, insbesondere die Größe der querschnitts- oder tiefengemittelten Geschwindigkeit V:
  Empirische Beziehungen in Form von sogenannten „Fließformeln", welche quadratischen Widerstandgesetzen entsprechen, werden verwendet, um V als Funktion von Wassertiefe h, Gefälle I_o und Sohlrauheit zu beschreiben. Dies erfolgt in Abschn. 2.2.3.

Die turbulente Gerinneströmung entspricht einer über die gesamte Wassertiefe voll entwickelten Grenzschichtströmung. Hierzu können Analogien zur turbulenten Grenzschichtströmung (Abschn. 7.2.2HM) und auch zur turbulenten Rohrströmung[1] (Abschn. 8.4HM) berücksichtigt werden. Aus dem Prandtl'schen Mischlängenansatz bzw. aus dimensionsanalytischen Überlegungen (siehe Abschn. 7.2.2HM) ergibt sich die Differentialgleichung

$$\frac{du}{dy} = \frac{1}{\kappa}\frac{u_*}{y} \tag{2.4}$$

und nach Integration

$$\frac{u}{u_*} = \frac{1}{\kappa}\ln y + C \tag{2.5}$$

das **logarithmische Gesetz** (englische Kurzbezeichnung „log-law") zur **Geschwindigkeitsverteilung bei turbulenter Strömung mit fester Berandung**. In Gl. (2.5) stellt $\kappa \cong 0{,}40$ („v. Karmansche Konstante Kappa") eine empirisch ermittelte, aber universell gültige Konstante für diese Strömungstypen dar, die Integrationskonstante C dagegen ist eine Funktion der Randbedingungen der jeweiligen Strömungsunterzone.

In der **sohlnahen Zone** ($y/h < 0{,}2$) beeinflussen die Eigenschaften der Sohle selbst das Geschwindigkeitsprofil (siehe Abschn. 8.4.1HM). Die Sohle kann **hydraulisch glatt** sein, wobei die Fluidviskosität ν eine Rolle spielt, oder sie kann **hydraulisch rau** sein, mit wesentlichem Einfluss der Sohlrauheit k_s.

Der hydraulisch raue Fall ist typisch für die Praxis und wird hier im Detail berücksichtigt. Wird Gl. (2.5) mit der Randbedingung zur Geschwindigkeit $u = u_k$ an der Position des Rauheitselements $y = k_s$ ausgewertet und die so geformte Gleichung von Gl. (2.5) abgezogen, so ergibt sich

$$\frac{u}{u_*} = \frac{1}{\kappa}\ln\frac{y}{k_s} + \frac{u_k}{u_*} \tag{2.6}$$

[1] Ähnlich wie die Rohrströmung hat auch die Gerinneströmung eine lineare Schubspannungsverteilung. In Sohlen- bzw. Wandnähe, wo ja die Scherung und demnach die Geschwindigkeitsgradienten am stärksten sind, kann aber die Schubspannung $\tau \approx \text{const.} = \tau_o$ angenommen werden, was für die Grenzschichtströmung typisch ist.

Der zweite Term auf der rechten Seite entspricht einer Konstanten $B = u_k/u_*$, die aus Experimenten als $B = 8{,}5$ ausgewertet wurde, so dass gilt

$$\frac{u}{u_*} = 2{,}5\ln\frac{y}{k_s} + 8{,}5 \qquad \text{für} \quad \frac{y}{h} < 0{,}2 \tag{2.7}$$

In der **oberflächennahen Zone** ($y/h > 0{,}2$) wird Gl. (2.5) mit der Randbedingung $u = u_{\max}$ bei $y = h$ ausgewertet. Die Differenzenbildung führt dann zum „Gesetz der Geschwindigkeitsabnahme" (engl. „velocity defect law").

$$\frac{u_{\max} - u}{u_*} = -2{,}5\ln\frac{y}{h} \qquad \text{für} \quad \frac{y}{h} > 0{,}2 \tag{2.8a}$$

Nach Analyse von empirischen Messdaten (Abb. 2.2) zeigt sich jedoch, dass im obersten Strömungsbereich mit zunehmender Nähe zur Wasseroberfläche die zentrale Annahme einer konstanten Schubspannung nicht mehr gültig ist. Aus diesem Grund wird Gl. (2.8a) durch eine „Nachlauffunktion" $W(y/h)$ (engl. „wake function") nach Coles (1956) ergänzt, um eine bessere Übereinstimmung mit Messdaten zu erreichen

$$W\left(\frac{y}{h}\right) = \frac{2\Pi}{\kappa}\cos^2\left(\frac{\pi y}{2h}\right) \tag{2.8b}$$

wobei Π der „Nachlauf-Parameter" ist, mit $\Pi = 0{,}2$ für Gerinneströmungen bei hohen Reynoldszahlen, $\mathrm{Re}_h > 5 \times 10^4$ (Nezu und Nakagawa, 1993). Gl. (2.8a) stellt sich nach dieser Ergänzung als

$$\frac{u_{\max} - u}{u_*} = -2{,}5\ln\frac{y}{h} + 5{,}0\Pi\cos^2\left(\frac{\pi y}{2h}\right) \qquad \text{für} \quad \frac{y}{h} > 0{,}2 \tag{2.8c}$$

dar. Abb. 2.2 zeigt einen Vergleich des Geschwindigkeitsgesetzes (Gl. (2.8a) bzw. (2.8c) für die äußere Zone, und Gl. (7.38HM) für die innere Zone bei einer glatten Sohle) mit den Labordaten von Nezu und Nakagawa (1993). Trotz gewisser Datenabweichungen bzw. -ungenauigkeiten stellen diese Gesetze über einen weiten Bereich von strömenden bis schießendem Abfluss die Abflussbedingungen gut dar.

Einige weitere praktische Konsequenzen des logarithmischen Profils seien hier erwähnt. Dazu wird das Gesetz der Geschwindigkeitsabnahme in vereinfachter Form, Gl. (2.8a), und über den gesamten Bereich $0 < y/h < 1$ als Annäherung angenommen

$$u = u_{\max} + 2{,}5u_*\ln\frac{y}{h} \tag{2.9}$$

Die mittlere Geschwindigkeit V für das Profil ergibt sich durch die Integration $V = 1/h\int_o^h u dy$

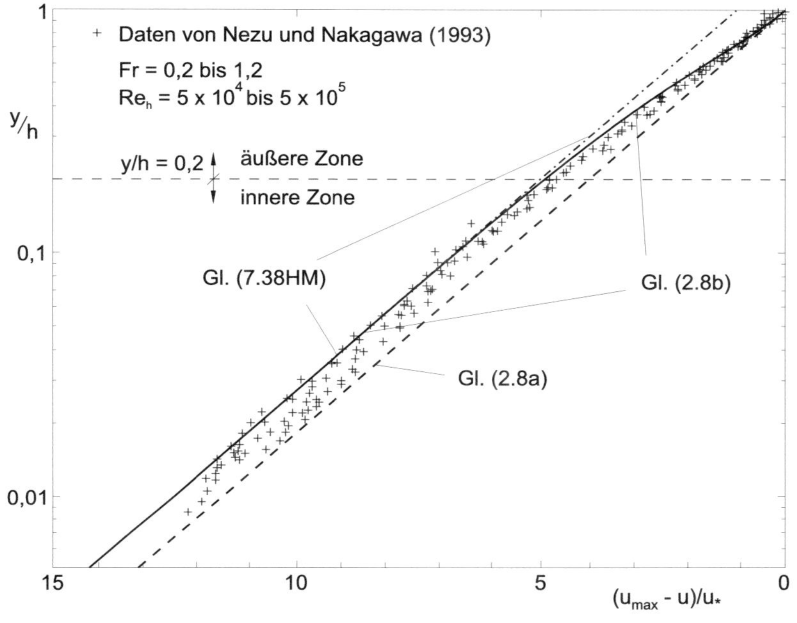

Abb. 2.2: Logarithmische Geschwindigkeitsverteilung in breiten Gerinneströmungen (semilogarithmische Darstellung). Vergleich mit Labordaten von Nezu und Nakagawa (1993) für glattes Gerinne.

als

$$V = u_{\max} - 2{,}5u_* \tag{2.10}$$

Das vereinfachte Geschwindigkeitsprofil, Gl. (2.9), kann demnach sowohl mittels $u_{\max}$ als auch mittels V dimensionslos (normiert) dargestellt werden

$$\frac{u}{u_{\max}} = 1 + \frac{2{,}5}{\frac{V}{u_*} + 2{,}5} \ln \frac{y}{h} \tag{2.11a}$$

$$\frac{u}{V} = 1 + 2{,}5\frac{u_*}{V}\left(1 + \ln \frac{y}{h}\right) \tag{2.11b}$$

Gl. (2.11) zeigt die Abhängigkeit des Geschwindigkeitsprofils vom Turbulenzparameter u_*/V. Dieser ist ein Maß für die aus dem Reibungswiderstand entstehenden turbulenten Wirbelbewegungen und kann direkt aus den „Fließformeln“ für ein Gerinne mit gegebener Rauheit (siehe Abschn. 2.1.3) ermittelt werden. Typische Werte liegen bei $u_*/V = 0{,}05$ (glatt) bis 0,1 (rau).

Abb. 2.3 zeigt die Form der turbulenten Geschwindigkeitsprofile (Gl. (2.11a)) und (2.11b) in linearer Darstellung. Aus Abb. 2.3 lässt sich folgern:

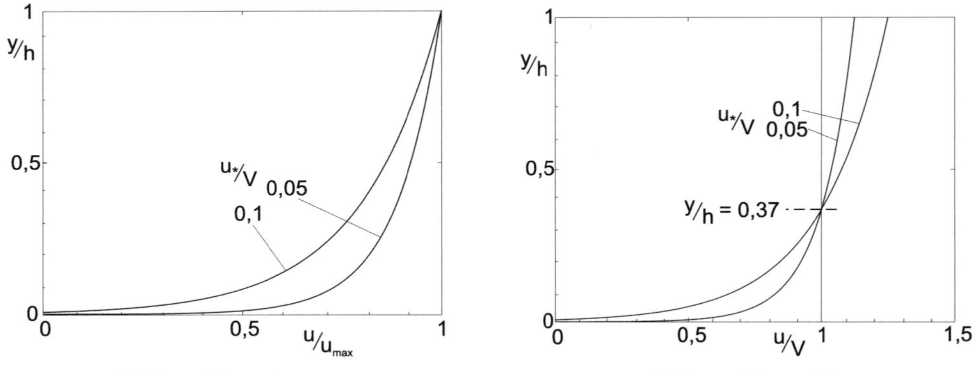

(a) Normalisiert mit $u_{\max}$ (b) Normalisiert mit V

Abb. 2.3: Logarithmisches Profil für turbulente breite Gerinneströmungen (vereinfachte Gl. (2.11)) normiert durch (a) maximale Geshwindigkeit $u_{\max}$ und (b) mittlere Geschwindigkeit V, in Abhängigkeit vom Turbulenzparameter u_*/V.

- Turbulente Geschwindigkeitsprofile sind „voll", d.h. eine relativ gleichmäßig hohe Geschwindigkeit im oberen Bereich und dann eine starke Abnahme in Sohlnähe.
- Je stärker der Turbulenzgrad u_*/V, also je rauer das Gerinne, desto ungleichmäßiger (weniger voll) wird die Geschwindigkeitsverteilung.
- Die mittlere Geschwindigkeit $u = V$ findet sich nach Gl. (2.11b) bei einer Wassertiefe $y/h = e^{-1} = 0{,}37$. Dies entspricht der sogenannten „40% Regel" zur Geschwindigkeitsmessung in der wasserbaulichen Praxis. Das heißt, ein einziger Messwert bei etwa 40% der Wassertiefe genügt, um die mittlere Geschwindigkeit zu ermitteln.[2]
- Die maximale Geschwindigkeit an der Wasseroberfläche, die z. B. visuell durch Driftkörper beobachtet werden kann, ist

$$\frac{u_{\max}}{V} = 1 + 2{,}5\frac{u_*}{V} \tag{2.12}$$

also etwa 10% (glattes Gerinne) bis 25% (rau) größer als die mittlere Geschwindigkeit.

Dass die Reibungsgeschwindigkeit u_* tatsächlich ein direkter Maßstab für die turbulenten Geschwindigkeitsschwankungen in der Gerinneströmung ist, zeigen Messungen im Labor bzw. Feld. Abb. 2.4 zeigt die gemessenen Geschwindigkeitsschwankungen u', v' und w' in Strömungsrichtung x, vertikal zur Strömung in Richtung y bzw. horizontal zur Strömung in Richtung z, jeweils normiert mit u_*. Die Schwankungen entsprechen den positiven bzw. negativen

[2]Noch verläßlicher ist die „20 + 80% Regel", d.h. das arithmetische Mittel von zwei Messungen bei 20% bzw. 80% der Tiefe.

Abweichungen[3] von der mittleren Geschwindigkeit u, v und w (wobei in einer geradlinigen Strömung v und w natürlich gleich Null sind). Abb. 2.4 zeigt:

- Die turbulenten Fluktuationsgeschwindigkeiten sind am größten in Sohlnähe und nehmen nach oben allmählich ab. Nezu und Nakagawa (1993) geben hierzu empirische Gleichungen in exponentieller Form an (siehe Abb. 2.4).
- Sowohl Labordaten für glatte bzw. raue Gerinne als auch Felddaten (nur für u') zeigen ähnliches Verhalten im Regime von hohen Reynoldszahlen.
- Die Schwankungen sind am größten in der Fließrichtung, u', und am geringsten in der vertikalen Richtung, v'. Das Wirbelverhalten zeigt also eine leichte Anisotropie.
- Die Fluktuationsgeschwindigkeiten sind in der Größenordnung $u', v', w' \sim u_*$. Das heißt, die Reibungsgeschwindigkeit u_*, die sich aus dem fundamentalen Kräftegleichgewicht berechnen lässt, Gl. (2.3b), ist ein direkter Indikator für die internen turbulenten Wirbelgeschwindigkeiten[4]!

Die Details der Geschwindigkeitsprofile in Gerinneströmungen und deren turbulente Schwankungsgrößen haben wichtige Konsequenzen für Strömungskräfte auf Einbauten (z. B. Pfeiler) und für Stofftransport- und Mischprozesse (z. B. Schadstoffunfälle bzw. -einleitungen). Die Form des Geschwindigkeitsprofils bestimmt auch die Werte für die Energie- bzw. Impulsungleichförmigkeitskoeffizienten, α (Gl. 5.13HM) bzw. β (Gl. 4.42HM). Mit dem logarithmischen Profil ergeben sich Werte von $\alpha = 1{,}04$ bzw. $\beta = 1{,}03$.

2.1.2 Gerinne mit begrenzter Breite

In einem Gerinnequerschnitt mit begrenzter Breite wirkt der Strömungswiderstand am gesamten benetzten Umfang, also an der Gerinnesohle und an den begrenzenden Uferwänden bzw. -böschungen. Im Falle eines Gerinnes großer Breite ist der Ufereffekt vernachlässigbar, so wie im obig betrachteten Fall der vorwiegend zweidimensionalen Gerinneströmung.

In einer begrenzt breiten Gerinneströmung, $B/h \leq 5$, jedoch wird der Einfluss der lateralen Berandung so stark, dass eine signifikante „dreidimensionale Gerinneströmung" entsteht. Abb. 2.5 zeigt die Sohlschubspannungsverteilung für einen trapezförmigen Gerinnequerschnitt für das Beispiel einer Sohlbreite gleich vier Wassertiefen. Am Böschungsfuss geht die Schubspannung nach Null, da in diesem Eckbereich die lokale Fließgeschwindigkeit klein ist. Im Böschungsbereich selbst findet sich eine Schubspannung, die bei etwa 75% der maximalen Sohlschubspannung nach Gl. (2.3a) liegt. Bei sehr engen Gerinnen wird auch die Sohlschubspannung unter

[3]Genau genommen wird hier die statistische Methode des „root-mean-square" (rms) Wertes verwendet. Das heißt, alle in einer Zeitreihe gemessenen Abweichungen werden quadriert, dann gemittelt und schließlich wird die Wurzel gezogen.

[4]Diese Wirbelstrukturen sind in der Oberfläche von größeren Flüssen als aufwallende Strukturen, welche mit der mittleren Bewegung mitwandern, gut sichtbar, und deren Geschwindigkeiten auch so messbar.

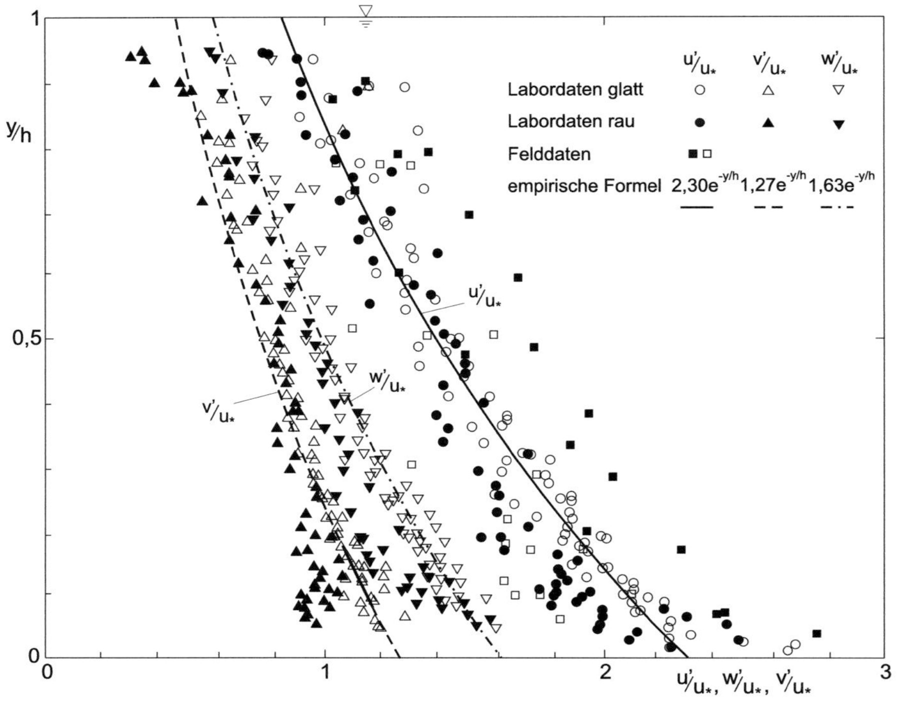

Abb. 2.4: Profile der Fluktuationsgeschwindigkeiten u',v' und w' normiert durch die Reibungsgeschwindigkeit u_* in turbulenten Gerinneströmungen (Daten nach Nezu und Nakagawa, 1993)

den zweidimensionalen Referenzwert nach Gl. (2.3a) fallen, da der laterale Schubspannungseffekt eine zunehmende Rolle spielt.

Als Folge dieser ungleichmäßigen Schubspannungsverteilung und im Zusammenwirken mit der Turbulenzanisotropie ergeben sich schwache Sekundärströmungen im Gerinnequerschnitt, die auf die stärkere Längsströmung überlagert sind. So wie in Abb. 2.6 angedeutet, tragen diese Sekundärströmungen sohlen- bzw. wandnahes Fluid mit niedriger Geschwindigkeit an die Wasseroberfläche und in die Strömungsmitte. Als Folge davon wird die sonst an der Wasseroberfläche übliche Maximalgeschwindigkeit $u_{\max}$ etwas in die Tiefe verlagert.[5] Abb. 2.6 gibt die in Laborversuchen gemessenen Linie gleicher Geschwindigkeit (Isovelen) für ein Rechteck- bzw. ein Halbkreisgerinne an.

Unter diesen Umständen ist das logarithmische Gesetz noch etwa in den sohlnahen Zonen gültig, nicht aber im oberen Strömungsbereich. Im generellen müssen dreidimensionale Strömungsberechnungen in Form von numerischen Modellen mit entsprechenden Turbulenzansät-

[5] Ein Abtauchen des Geschwindigkeitsmaximums kann auch durch Sekundärströmungen in Gerinnekrümmungen verursacht werden (siehe Abschn. 2.2.1).

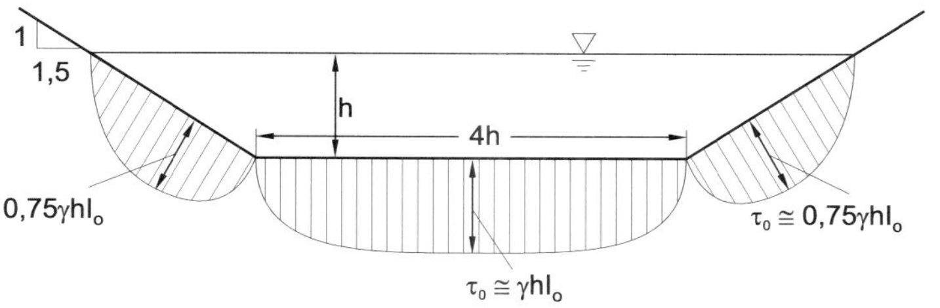

Abb. 2.5: Sohlschubspannungsverteilung für einen trapezförmigen Gerinnequerschnitt (nach Chow, 1959)

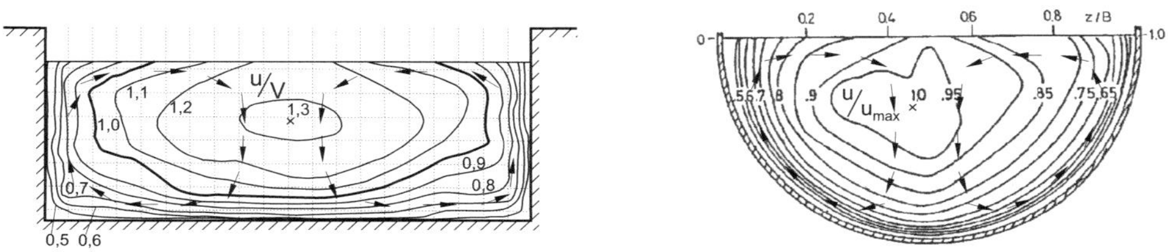

(a) Rechteckgerinne mit $B/h = 3$ (b) Halbkreisgerinne

Abb. 2.6: Sekundärströmungen und Isovelen u/V bzw. u/u_{max} in geradlinigen gleichförmigen Gerinneströmungen begrenzter Breite (Laborexperimente)

zen herangezogen werden, um solch komplexe Strömungsverhältnisse zu analysieren. Auch die Werte für die Energie- bzw. Impulsungleichförmigkeiten nehmen entsprechend zu. In schmalen Gerinnen mit starken Wandeinflüssen können α bis auf etwa 1,36 und β bis 1,12 (Chow, 1959) ansteigen.

2.1.3 Fließformeln für allgemeine Gerinne

Die Beziehung zwischen dem Durchfluss Q (oder alternativ der mittleren Geschwindigkeit $V = Q/A$) und der Wassertiefe, die sich bei gegebener Gerinnequerschnittsform und Rauheitscharakteristiken einstellt, ist ein zentrales Kapitel der Gerinnehydraulik, mit dem sich Wasserbauingenieure seit dem 18. Jahrhundert beschäftigt haben. Eine Unzahl von empirischen „Fließformeln" existiert in der Literatur. Historisch wesentlich ist hier die Fließformel nach Chezy[6] (1775)

$$V = C R_h^{\frac{1}{2}} I_o^{\frac{1}{2}} \tag{2.13}$$

[6] Antoine Chezy (1718–1798), französischer Hydrauliker.

wobei der hydraulische Radius R_h ein Maß für Wassertiefe als auch Gerinneform ist (siehe Abschn. 1.1.1). C ist der Chezy-Wert $[\mathrm{m}^{1/2}/\mathrm{s}]$, eine Funktion der Gerinnerauheit. Die Grundform, $V \sim I_o^{1/2}$, von Gl. (2.13) entspricht einem quadratischen Widerstandsgesetz, da für eine gleichförmige Strömung $I_o = I_e = h_v/L$, wobei h_v die Energieverlusthöhe über eine Gerinnelänge L und I_e das Energiegefälle sind, so dass in inverser Form, $h_v \sim V^2$.

Wichtig für die moderne wasserbauliche Praxis sind zwei Fließformeln, die man als Erweiterung der Chezy-Formel sehen kann:

Fließformel nach Darcy-Weisbach:

In der Rohrhydraulik (siehe Abschn. 8.4.2HM) beschreibt der quadratische Ansatz nach Darcy-Weisbach (Gl. (8.21HM)) die Energieverlusthöhe h_v über eine Rohrleitungslänge L mit Durchmesser D. Mit dem Konzept des hydraulischen Radius R_h ist dieser Ansatz im Prinzip auch für andere Querschnitte approximativ anwendbar (siehe Gl. (8.31HM)). In invertierter Form ergibt sich die **Fließformel nach Darcy-Weisbach**[7]

$$V = \left(\frac{8g}{\lambda}\right)^{\frac{1}{2}} R_h^{\frac{1}{2}} I_o^{\frac{1}{2}} \tag{2.14}$$

Der Reibungsbeiwert λ ist abhängig von Reynoldszahl (viskose Einflüsse) und Sohlrauheit

$$\lambda = f\left(\mathrm{Re} = \frac{V4R_h}{\nu}, \frac{k_s}{4R_h}\right) \tag{2.15}$$

und wird im Moody-Diagramm (Abb. 2.7) dargestellt. Für die Praxis wichtig ist der **hydraulisch raue** Bereich, in dem der analytische Ausdruck (siehe Gl. (8.27HM))

$$\lambda = \frac{0{,}25}{\left[lg\left(\frac{k_s/4R_h}{3{,}7}\right)\right]^2} \tag{2.16}$$

gilt. Absolute Rauheitslängen k_s (äquivalente Sandrauheit), typisch für künstliche bzw. natürliche offene Gerinne, sind in Tabelle 2.1 aufgelistet.

[7]Henry Darcy (1803–1858), französischer Hydrauliker; Julius Weisbach (1806–1871), deutscher Maschinenbauingenieur.

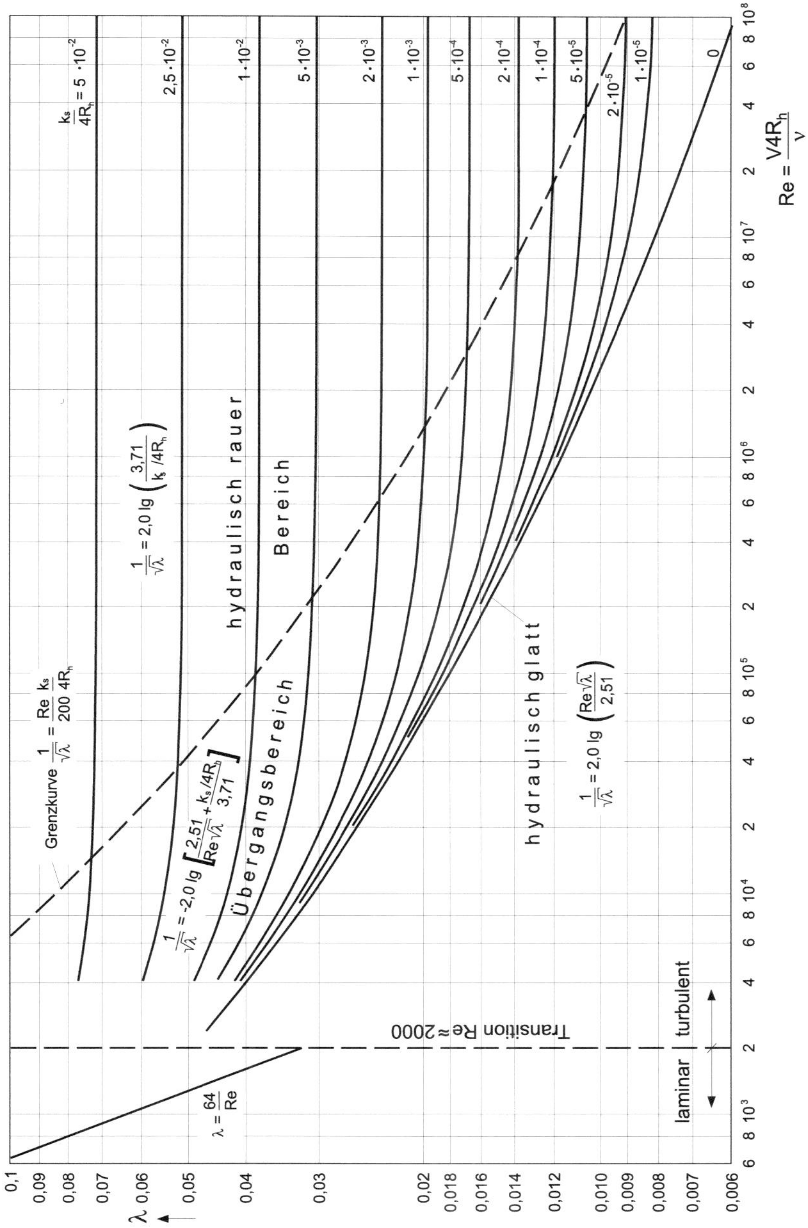

Abb. 2.7: Moody-Diagramm für Gerinneströmungen: Reibungsbeiwert λ als Funktion der Reynoldszahl $Re = V4R_h/\nu$ und relativen Rauheit $k_s/4R_h$

Tabelle 2.1: Absolute Rauheit k_s von offenen Gerinnen bei Benutzung der **Fließformel nach Darcy-Weisbach** (aus *DVWK*, 1991)

Gerinnetypen	k_s [mm]
Ebene Fließgewässersohle aus	
Sand oder Kies ($d_{k,90}$ = Korndurchmesser, der von 90% des Materials unterschritten wird)	$d_{k,90}$
Grobkies bis Schotter	60–200
schwere Steinschüttung	200–300
Sohlenpflasterung	30–50
Grenzbedingung für Einzelrauheiten: $k_s \leq 0{,}45 R_h$	
Unebene Fließgewässersohle (h_T = Höhe des Transportkörpers) mit	
Riffeln ($\lambda_T < 0{,}3$ m; $h_T < 0{,}05$ m)	h_T
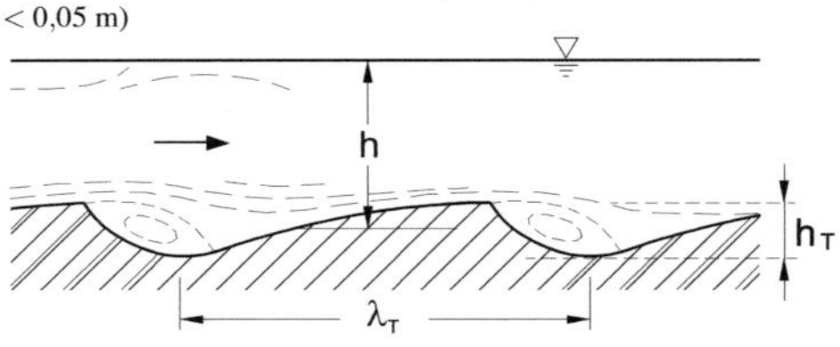	
mit Dünen ($\lambda_T < 2\pi h$; $h_T < 0{,}06\lambda_T$)	$h_T = h/6 - h/3$
Vorländer und Böschungen mit	
Ackerboden	20–250
Ackerboden mit Kulturen	250–800
Waldboden	160–320
Rasen	60
Steinschüttung 80/450 mm mit Gras überwachsen	300
Gras	100–350
Gras und Stauden	130–400
Rasengittersteine	15–30
Wände aus	
Ziegelmauerwerk	2–8
Beton glatt	1–6
Beton rauh	6–20
Bruchstein	15–20
rauhe Natursteinmauer	80–100
Stahlspundwand je nach Profiltiefe	20–100

Bei der Anwendung der Fließformel nach Darcy-Weisbach ist zu beachten, dass sich der λ-Beiwert je nach Wasserstand des Gerinnes ändert, also nicht konstant ist. Dies ist aus Gl. (2.16) zu sehen, da der hydraulische Radius in etwa der Wassertiefe entspricht.

Fließformel nach Manning-Strickler:

Eine alternative empirische Formel für Gerinnebemessungen ist die **Fließformel nach Manning-Strickler**[8]

$$V = k_{St} R_h^{\frac{2}{3}} I_o^{\frac{1}{2}} \tag{2.17}$$

Sie hat sich auf der Basis einer Vielzahl von Feldmessungen bewährt. Beachtenswert ist die unterschiedliche Abhängigkeit vom hydraulischen Radius $R_h^{2/3}$, im Gegensatz zur Darcy-Weisbach-Formel mit $R_h^{1/2}$. k_{St} ist der Strickler-Beiwert für die Gerinnerauheit mit der Dimension $[\mathrm{m}^{1/3}/\mathrm{s}]$, wobei die Dimensionen $[\mathrm{m/s}]$ für die Geschwindigkeit und $[\mathrm{m}]$ für den hydraulischen Radius zwingend sind. Die Manning-Strickler-Fließformel hat also den Nachteil, dass sie dimensionsanalytisch nicht homogen ist.

Typische Strickler-Beiwerte k_{St} für offene Gerinne sind in Tabelle 2.2 zusammengefasst.

Einige Richtwerte sind:

sehr glatte Gerinne (z. B. Zementglattstrich)	$k_{St} \approx 100$	$\mathrm{m}^{1/3}/\mathrm{s}$
Erdgerinne, Flussbetten	$k_{St} \approx 30$ bis 40	$\mathrm{m}^{1/3}/\mathrm{s}$
sehr raue Gerinne (z. B. Wildbäche)	$k_{St} \approx 20$	$\mathrm{m}^{1/3}/\mathrm{s}$

In der Praxis ist die Auswahl eines k_{St}-Wertes für einen Gerinneabschnitt immer mit Subjektivität und Ungenauigkeiten verbunden. Fotografische Darstellungen (siehe Abb. 2.8) sind dabei hilfreich (z. B. Chow, 1959), insbesondere bei natürlichen Gerinnen mit stark variablen Querschnitten bzw. mit Bewuchs.

(a) $k_{St} = 50\ \mathrm{m}^{1/3}/\mathrm{s}$, Betonkanal mit grober Oberfläche (b) $k_{St} = 36\ \mathrm{m}^{1/3}/\mathrm{s}$, Fluss mit Kies- und Sandsohle (c) $k_{St} = 12\ \mathrm{m}^{1/3}/\mathrm{s}$, stark verwachsenes Bachbett

Abb. 2.8: Strickler-Beiwerte k_{St} für diverse Gerinnequerschnitte (nach Chow, 1959)

[8] Robert Manning (1816–1897), irischer Bauingenieur; Albert Strickler (1887–1963), schweizerischer Wasserbauer. In der mitteleuropäischen Literatur wird diese Fließformel auch manchmal als Gauckler-Manning-Strickler-Formel zitiert (Gaspar-Philibert Gauckler (1826–1905), französischer Wasserbauingenieur). In der angelsächsischen Literatur wird sie meist nur als „Manning-Gleichung" in der Form $V = \frac{1}{n} R_h^{2/3} I_o^{1/2}$ zitiert und der Beiwert $n = 1/k_{St}$ wird „Manning's n" genannt.

Tabelle 2.2: Strickler-Beiwert k_{St} für die **Fließformel nach Manning-Strickler** (nach Naudascher, 1992)

Gerinnetypen	k_{St} $[m^{1/3}/s]$
Erdkanäle	
Erdkanäle in festem Material, glatt	60
Erdkanäle in festem Sand mit etwas Ton oder Schotter	50
Erdkanäle mit Sohle aus Sand und Kies mit gepflasterten Böschungen	45–50
Erdkanäle aus Feinkies, etwa 10/20/30 mm	45
Erdkanäle aus mittlerem Kies, etwa 20/40/60 mm	40
Erdkanäle aus Grobkies, etwa 50/100/150 mm	35
Erdkanäle aus scholligem Lehm	30
Erdkanäle, mit groben Steinen angelegt	25–30
Erdkanäle aus Sand, Lehm oder Kies, stark bewachsen	20–25
Felskanäle	
Mittelgrober Felsausbruch	25–30
Felsausbruch bei sorgfältiger Sprengung	20–25
Sehr grober Felsausbruch, große Unregelmäßigkeiten	15–20
Gemauerte Kanäle	
Kanäle aus Ziegelmauerwerk, Ziegel, auch Klinker, gut gefugt	80
Bruchsteinmauerwerk	70–80
Kanäle aus Mauerwerk (normal)	60
Normales (gutes) Bruchsteinmauerwerk, behauene Steine	60
Grobes Bruchsteinmauerwerk, Steine nur grob behauen	50
Bruchsteinwände, gepflasterte Böschungen mit Sohle aus Sand und Kies	45–50
Betonkanäle	
Zementglattstrich	100
Beton bei Verwendung von Stahlschalung	90–100
Glattverputz	90–95
Beton geglättet	90
Gute Verschalung, glatter unversehrter Zementputz, glatter Beton	80–90
Beton bei Verwendung von Holzschalung, ohne Verputz	65–70
Stampfbeton mit glatter Oberfläche	60–65
Alter Beton, unebene Flächen	60
Betonschalen mit 150-200 kg Zement je m^3, je nach Alter u. Ausführung	50–60
Grobe Betonauskleidung	55
Ungleichmäßige Betonflächen	50
Holzgerinne	
Neue glatte Gerinne	95
Gehobelte, gut gefügte Bretter	90
Ungehobelte Bretter	80
Ältere Holzgerinne	65–70
Blechgerinne	
Glatte Rohre mit versenkten Nietköpfen	90–95
Neue gußeiserne Rohre	90
Genietete Rohre, Niete nicht versenkt, im Umfang mehrmals überlappt	65–70
Natürliche Wasserläufe	
Natürliche Flußbetten mit fester Sohle, ohne Unregelmäßigkeiten	40
Natürliche Flußbetten mit mäßigem Geschiebe	33–35
Natürliche Flußbetten, verkrautet	30–35
Natürliche Flußbetten mit Geröll und Unregelmäßigkeiten	30
Natürliche Flußbetten, stark geschiebeführend	28
Wildbäche mit grobem Geröll (kopfgroße Steine) bei ruhendem Geschiebe	25–28
Wildbäche mit grobem Geröll, bei in Bewegung befindlichem Geschiebe	19–22

Für Gerinne mit Kies oder Sand als Sohlmaterial gibt es eine direkte Abschätzung nach Strickler (1923) für den k_{St}-Wert

$$k_{\mathrm{St}} = 26/d_{90}^{1/6} \quad (2.18)$$

wobei d_{90} [m] der Korndurchmesser mit 90% Siebdurchgang ist.

Die Darcy-Weisbach-Fließformel ist wissenschaftlich fundierter und daher über ein breites Spektrum von Gerinnetypen – von kleinskaligen Laborgerinnen (kleine Reynoldszahlen) bis zu großskaligen Flüssen und Kanälen, von hydraulisch glatt bis rau – anwendbar.

Die Manning-Strickler-Fließformel wird allerdings in der wasserbaulichen Praxis viel mehr verwendet. Sie ist zwar stark empirisch, hat aber eine solide Datengrundlage für hydraulisch raue Gerinne bei hohen Reynoldszahlen ($\mathrm{Re}_h > 10^5$), typisch für Feldanwendungen. Und sie hat den weiteren Vorteil, dass der k_{St}-Wert das Gerinne fix beschreibt, also unabhängig von der Wassertiefe, die sich ja je nach Durchfluss ändert.

Zwei Vergleiche in Anhang A zeigen, daß die Abweichung der Manning-Strickler-Fließformel von der genaueren Darcy-Weisbach-Fließformel in der Praxis weit unter $\pm$ 10% liegt, was für wasserbauliche Fragestellungen meist akzeptabel ist.

2.1.4 Abflusskurven

Für gleichförmige Gerinne, bei denen die Form des Querschnitts unabhängig von der Distanz x ist, kann für die bestehende Querschnittsform und die Rauheitsverhältnisse jeweils eine Abflusskurve entwickelt werden (siehe Abb. 2.9). Als Funktion der Wassertiefe h können die geometrischen Beziehungen für Querschnittsfläche $A(h)$, benetzter Umfang $P(h)$ und hydraulischer Radius $R_h(h)$ ermittelt werden. Die Abflusskurve ist dann

$$Q(h) = V(h)A(h) \quad (2.19)$$

wobei $V(h)$ durch eine der beiden Fließformeln, Gl. (2.14) bzw. (2.17), gegeben ist und den Einfluss des Gerinnegefälles I_o beinhaltet. Dies ist eine in der Ingenieurhydrologie übliche Vorgehensweise, um z. B. sogenannte „Pegelkurven", die durch direkte Durchflussmessungen ermittelt werden können, abzusichern bzw. zu ergänzen.

Wichtig für die Siedlungswasserwirtschaft sind Abflusskurven für teilgefüllte Kanalisationsrohre. Abb. 2.10 zeigt die mit der Darcy-Weisbach-Fließformel ermittelte normierte Abflusskurve $Q(h)/Q_{\mathrm{voll}}$. Der Wert bei Vollfüllung Q_{voll} entspricht hier dem Grenzfall einer Gerinneströmung bei der der Wasserspiegel, also die Drucklinie, genau im Rohrscheitel liegt, und das Energiegefälle I_e gleich dem Rohrgefälle I_o ist[9].

[9] Bei zunehmendem Druck herrschen die Bedingungen für eine gleichförmige Rohrströmung, für welche aber $I_e > I_o$ und somit $Q > Q_{\mathrm{voll}}$.

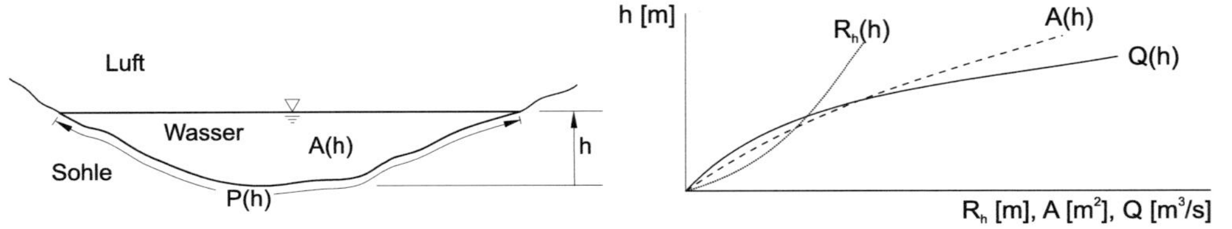

Abb. 2.9: Abflusskurve $Q(h)$ für einen allgemeinen Querschnitt in gleichförmiger Gerinneströmung (qualitative Darstellung)

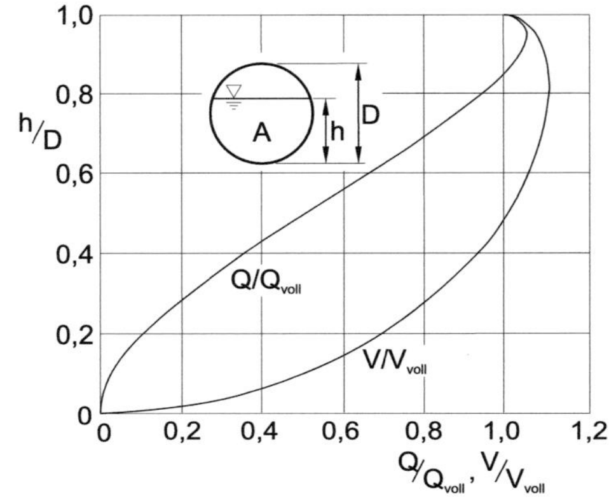

Abb. 2.10: Normalisierte Abflusskurve $Q(h)/Q_{\text{voll}}$ für Gerinneströmung teilgefüllter Kreisrohre aufgrund der Darcy-Weisbach-Fließformel (nach Schröder, 1994).

Interessant ist das Maximum des Durchflusses bzw. der mittleren Geschwindigkeiten bei Füllgraden von etwa 90–100%, was durch die starke Zunahme des benetzten Umfangs und demnach des Fließwiderstands bis hin zur Vollfüllung begründet ist.

In gegliederten **Verbundprofilen** (Abb. 2.11) mit zwei oder mehreren Querschnittsflächen mit oft stark unterschiedlichen Wassertiefen bzw. Rauheitsverhältnissen wird der Gesamtabfluss durch die Summe der Teilabflüsse ermittelt. Wird z. B. die Manning-Strickler-Fließformel verwendet, so ist der Gesamtabfluss für n Teilflächen

$$Q = \left(\sum_{i=1}^{n} k_{\text{St}_i} R_{h_i}^{\frac{2}{3}} A_i \right) I_o^{\frac{1}{2}} \tag{2.20}$$

da I_o für alle Teilflächen gleich ist. Besonders bei bewachsenen Vorländern kann sich der k_{St}-Beiwert stark von dem für das Hauptgerinne unterscheiden. Dies ist insbesondere für die Berechnung von Wasserständen bei Hochwasserabflüssen von großer Bedeutung. Bei stark ungleichförmigen Verbundquerschnitten, wo z. B. die Fließgeschwindigkeiten in den seichten Vorländern oft wesentlich kleiner als im Hauptgerinne sind, können die Energie- bzw. Impulsungleichförmigkeitskoeffizienten, α bzw. β, stark ansteigen. Werte für α bis über 1,6 und β bis über 1,2 sind hier möglich (Chow, 1959).

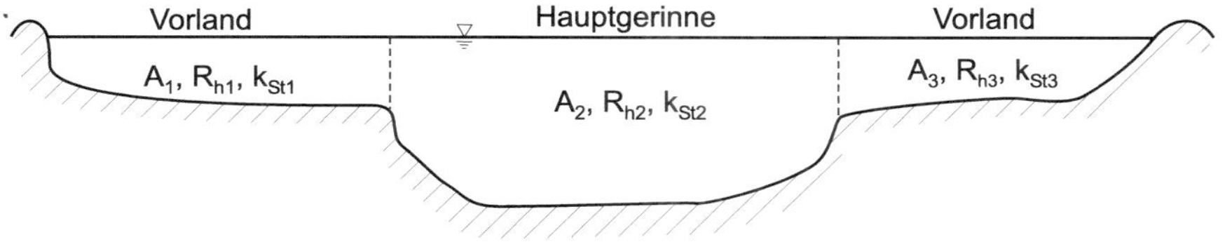

Abb. 2.11: Berechnung von Gerinneabfluss bei Verbundprofilen

2.1.5 Energiedissipation

Bei der gleichförmigen Gerinneströmung (Abb. 2.12) ist das Energieliniengefälle I_e gleich dem Sohlgefälle I_o, $I_e = I_o$. Über eine Fließlänge L ergibt sich demnach eine Energieverlusthöhe $h_v = I_o L$. Die Energiedissipation ist der Leistungsverlust P_v [W] als Produkt des Gewichtsflusses γQ und h_v (siehe Abschn. 5.2HM)

$$P_v = \gamma Q h_v \tag{2.21}$$

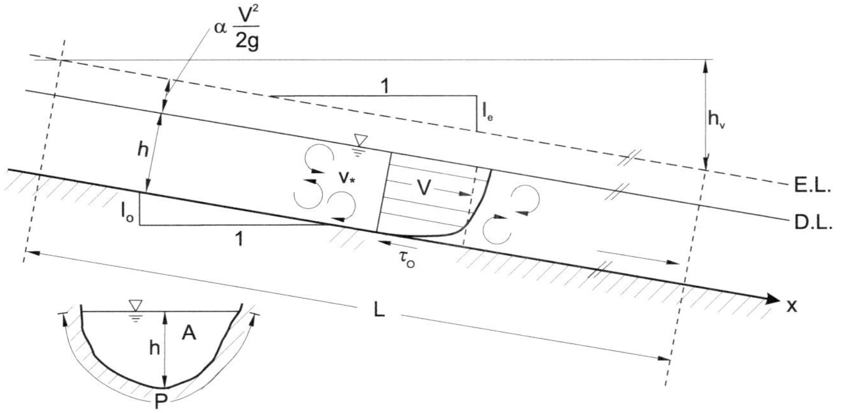

Abb. 2.12: Energiebetrachtungen in gleichförmiger Gerinneströmung

Wird P_v über die Gesamtmasse $M = \rho AL$ im Gerinneabschnitt gemittelt, so erhält man die **Dissipationsrate** ε

$$\varepsilon = \frac{P_v}{M} = gVI_o \tag{2.22}$$

mit Dimension $[m^2/s^3]$. ε ist ein Maß für die Umwandlung der mittleren kinetischen Strömungsenergie pro Volumeneinheit $[m^2/s^2]$ pro Zeiteinheit $[s]$ in fluktuierende turbulente Strömungsenergie. Durch den Zerfall in immer kleinere Wirbelstrukturen bis zur viskosen Dämpfung bei kleinsten Wirbelskalen wird diese Energie letztendlich in Reibungswärme umgewandelt, also nicht verwendbar und irreversibel dissipiert.

Schließlich kann noch das Kräftegleichgewicht

$$\overline{\tau_o} PL = \gamma ALI_o \tag{2.23}$$

als Erweiterung von Gl. (2.3a) für einen allgemeinen Gerinnequerschnitt angesetzt werden. $\overline{\tau_o}$ ist hier die mittlere Schubspannung an der Gerinnesohle (vgl. Abschn. 2.1.2). Umformung und Definition der Schubspannungsgeschwindigkeit u_*, Gl. (2.3b), führen zu

$$\sqrt{\frac{\overline{\tau_o}}{\rho}} = u_* = \sqrt{gR_hI_o} \tag{2.24}$$

Eine der Fließformeln kann nun auf der rechten Seite eingesetzt werden, um eine quantitative Beziehung zwischen u_* und V abzuleiten. Wird z. B. die Darcy-Weisbach-Fließformel, Gl. (2.14), eingesetzt, so erhält man

$$u_* = \sqrt{\frac{\lambda}{8}}V \tag{2.25}$$

Mit den extremen Werten $\lambda = 0{,}01$ (wenig rau) bis $\lambda = 0{,}1$ (stark rau) erhält man die Abschätzungen für den Turbulenzgrad u_*/V also etwa 0,05 (wenig rau) bis 0,10 (stark rau), als Maß für die turbulenten Fluktuationen im Gerinne, wie schon in Abschn. 2.1.1 erwähnt wurde.

2.1.6 Erweiterung zu leicht ungleichförmiger Gerinneströmung

In einer leicht ungleichförmigen Gerinneströmung ändern sich die Strömungsverhältnisse allmählich in der Fließrichtung. Dies kann infolge von Querschnittsänderungen, Rauheitsänderungen und Kontrolleinrichtungen entstehen, so dass sich Wasserspiegelkurven (Stau- oder Senkkurven) entwickeln (siehe Kap. 4). Wasserspiegel sowie Energielinie sind nicht mehr parallel zur Sohle, $I_e \neq I_o$, wie in Abb. 2.13 gezeigt ist.

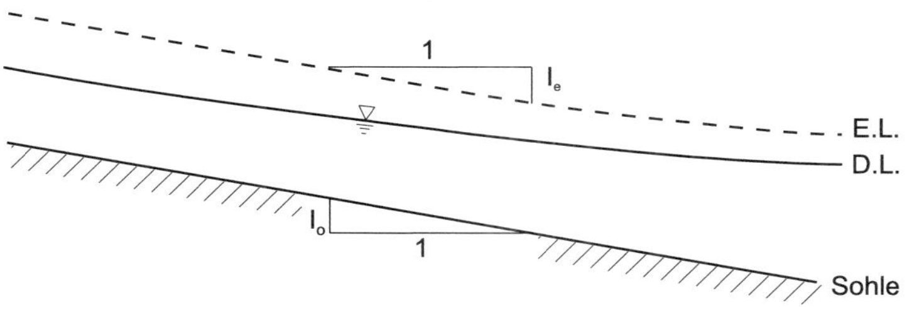

Abb. 2.13: Energiebetrachtungen in leicht ungleichförmiger Gerinneströmung

Da die Fließformeln die Beziehung zwischen der mittleren Geschwindigkeit und den durch Wandreibung entstehenden Energieverlusten angeben, muss bei ungleichförmiger Strömung das Energiegefälle I_e verwendet werden. Demnach wird die Darcy-Weisbach-Fließformel, Gl. (2.14), in der Form

$$V = \left(\frac{8g}{\lambda}\right)^{\frac{1}{2}} R_h^{\frac{1}{2}} I_e^{\frac{1}{2}} \tag{2.26}$$

bzw. die Manning-Strickler-Fließformel, Gl. (2.17), in der Form

$$V = k_{\mathrm{St}} R_h^{\frac{2}{3}} I_e^{\frac{1}{2}} \tag{2.27}$$

angesetzt, um ungleichförmige Strömungsverläufe zu berechnen. Die lokalen Geschwindigkeitsprofile sind in erster Annäherung ähnlich zu denen in gleichförmiger Strömung (z. B. logarithmisches Gesetz in breitem Gerinne).

2.2 Zusätzliche Energieverluste durch Gerinneungleichförmigkeiten bei strömendem Abfluss

Durch geometrische Ungleichförmigkeiten im Gerinne – insbesondere bei Krümmungen, Querschnittsübergängen bzw. Einbauten – entstehen zusätzliche turbulente Fließwiderstände, die sich als zusätzliche lokale Energieverlusthöhen h_v ausdrücken, welche dem quadratischen Ansatz

$$h_v = \zeta \frac{V^2}{2g} \tag{2.28}$$

entsprechend parametrisiert werden. ζ ist der Verlustbeiwert. Die mittlere Geschwindigkeit V bezieht sich normalerweise auf den Querschnitt unmittelbar stromab der verursachenden Störung.

Die Ausführungen in diesem Abschnitt sind auf schwache Störungen im strömenden Abfluss beschränkt, ohne dass der Querschnitt einen Übergang in schießenden Abfluss verursacht (also keine Kontrollfunktion, siehe Kap. 3).

2.2.1 Querschnittsübergänge

Querschnittsübergänge müssen vor allem beim Bau von künstlichen (meist betonierten) Kanälen eingeplant werden. Ein wichtiger Fall ist hier der Übergang von trapezförmigen zu rechteckigen Querschnitten bzw. umgekehrt (siehe Abb. 2.14). Je nach 5Fließrichtung funktionieren diese Übergänge als Aufweitungen bzw. Verengungen. Durch turbulente Ablösungen an den Berandungen treten mehr oder weniger hohe Energieverluste auf

$$\text{Verengung:} \qquad h_v = \zeta_V \frac{V^2}{2g} \tag{2.29a}$$

$$\text{Aufweitung:} \qquad h_v = \zeta_A \left(\frac{V_1^2 - V_2^2}{2g} \right) \tag{2.29b}$$

wobei V die Geschwindigkeit nach der Verengung sowie V_1 und V_2 die Geschwindigkeiten vor bzw. nach der Aufweitung sind. Werte für ζ_V und ζ_A sind in Abb. 2.14 angegeben.

2.2.2 Krümmungen

Typisch für Gerinneströmungen in Krümmungen sind Sekundärströmungen, die der Hauptströmung überlagert sind und zusätzliche Energieverluste verursachen. Die Sekundärströmungen können aus der Dynamik einer reibungsfreien Wirbelbewegung, die mit der tatsächlichen vertikalen Geschwindigkeitsverteilung zusammenwirkt, erklärt werden.

Abb. 2.15 zeigt eine Gerinnekrümmung mit fixem Rechtecksquerschnitt mit Breite B, Tiefe h, Krümmungsradius R_o und Krümmungswinkel α. In erster Annäherung sei die Strömung in der Krümmung über kurze Fließdistanzen als reibungsfreie Wirbelströmung (siehe Abschn. 4.1.5HM) beschrieben. Demnach ist der Querschnitt nach Gl. (4.29HM) durch den Wasserspiegelgradienten

$$\frac{dh}{dr} = \frac{V^2}{gr} \tag{2.30a}$$

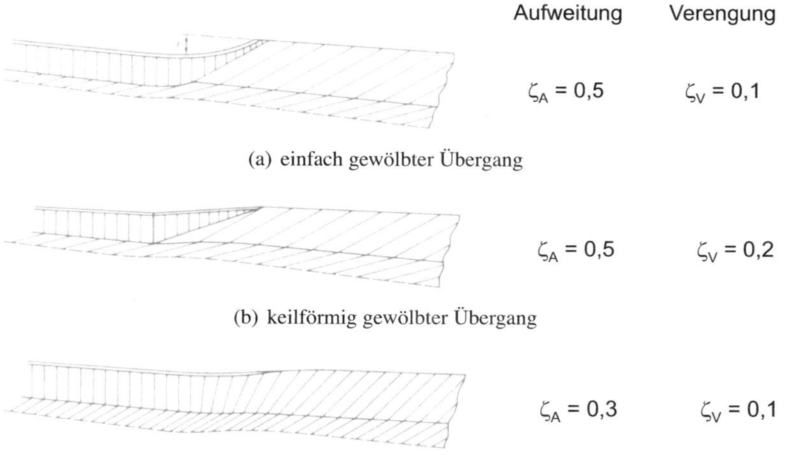

(a) einfach gewölbter Übergang

(b) keilförmig gewölbter Übergang

(c) doppelt gewölbter Übergang

Abb. 2.14: Querschnittsübergänge in Kanälen (jeweils Halbquerschnitte) als Aufweitungen (Fließrichtung nach rechts) oder als Verengungen (nach links) (aus Roberson et. al., 1998)

gegeben, d.h. der Wasserspiegel (und demnach der hydrostatische Druck) nimmt von der Krümmungsinnenseite zur -außenseite zu, proportional zur Zentrifugalbeschleunigung an den jeweiligen Stromlinien. Dem freien Wirbel entsprechend verteilt sich die Längsgeschwindigkeit invers zum Radius r der Stromlinien, d.h. die höchsten Geschwindigkeiten stellen sich am Innenufer ein. Eine grobe Abschätzung für den Gradienten $dh/dr = \Delta h/B$ ergibt die Überhöhung des Wasserspiegels von Innen- zu Außenufer

$$\Delta h \approx \frac{V^2}{gR_o} B \tag{2.30b}$$

Der lokale Druckgradient wirkt über die gesamte Wassertiefe und gegen die Zentrifugalkraft der Längsströmung entlang ihrer gekrümmten Bahn. Da die Längsgeschwindigkeit unten in Sohlnähe u_u aber kleiner, und oben nahe der Wasseroberfläche u_o größer als die mittlere Geschwindigkeit V ist, ergibt sich eine Beschleunigung der Fluidpartikel in Sohlnähe nach innen zur Krümmungsmitte und in den oberen Regionen nach außen, insgesamt also eine schwache Sekundärströmung, die sich auf die Längsströmung überlagert.

Abb. 2.16 zeigt die Isovelen für die Längsgeschwindigkeit in einem Laborgerinne mit 180° Krümmung und fixem Querschnitt. Die höchsten Geschwindigkeiten treten am Innenufer auf, den Vorhersagen der reibungsfreien Wirbeltheorie entsprechend. Infolge der Sekundärströmung wird aber sohlnahes und ufernahes langsames Fluid nach oben transportiert, so dass Geschwindigkeitsmaxima nicht mehr an der Wasseroberfläche auftreten.

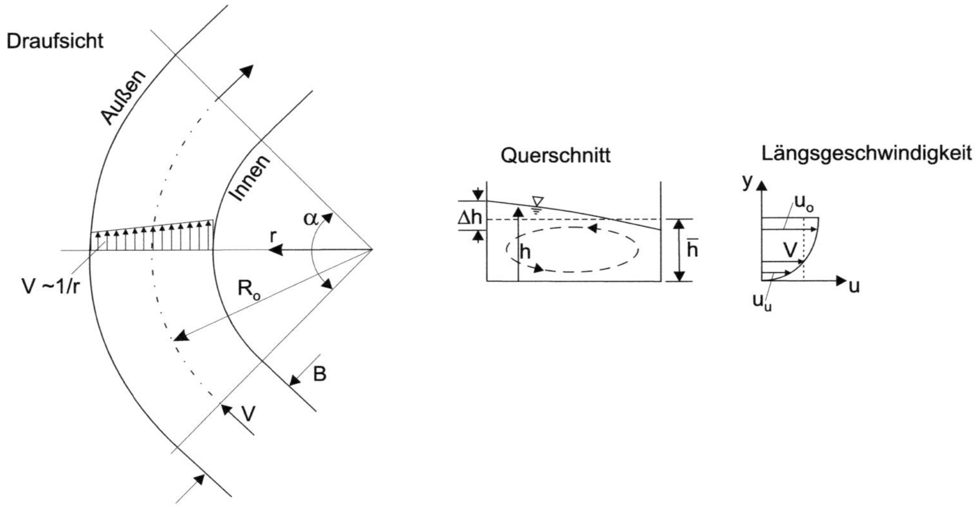

Abb. 2.15: Gerinneströmung in Krümmung: Analyse als freie Wirbelströmung, Wasserspiegelüberhöhung und Entstehung von Sekundärströmungen

Noch drastischere Effekte haben Sekundärströmungen bei alluvialen Flussbetten, also mit beweglichem Sohlmaterial. Hier trägt die sohlnahe Sekundärströmung das Sediment an das Krümmungsinnenufer und verursacht dort Verlandung und Verringerung der Wassertiefe. Als Folge davon werden die Geschwindigkeitsmaxima in die Außenzonen der Strömung überlagert und verursachen dort vermehrt Erosion und Uferangriff. Abb. 2.17 zeigt dieses Strömungsverhalten und die flussmorphologischen Konsequenzen in detaillierten Feldmessungen in einem kleinen Fluss deutlich auf.

Infolge dieses Strömungsverhaltens ergeben sich Energieverluste, die zusätzlich zu den üblichen, schon in den Fließformeln berücksichtigten Sohlreibungsverlusten wirken. Im generellen ist der Verlustbeiwert ζ_K für die Krümmung eine Funktion der Fließ- bzw. geometrischen Bedingungen

$$\zeta_K = f\left(\mathrm{Fr}, \mathrm{Re}, \frac{R_o}{B}, \frac{h}{B}, \alpha\right) \tag{2.31}$$

Naudascher (1992) zeigt umfangreiches Datenmaterial hierfür. Für strömenden Abfluss ($\mathrm{Fr} < 1$) bei hohen Reynoldszahlen und starken Krümmungen ($\alpha \geq 90°$) stellt

$$\zeta_K = 0{,}5\left(\frac{R_o}{B}\right)^{-1} \tag{2.32}$$

eine gute Näherung an die Daten von Laboruntersuchungen dar, d.h. der Krümmungsgrad R_o/B ist ein wesentlicher Faktor für die Energieverluste.

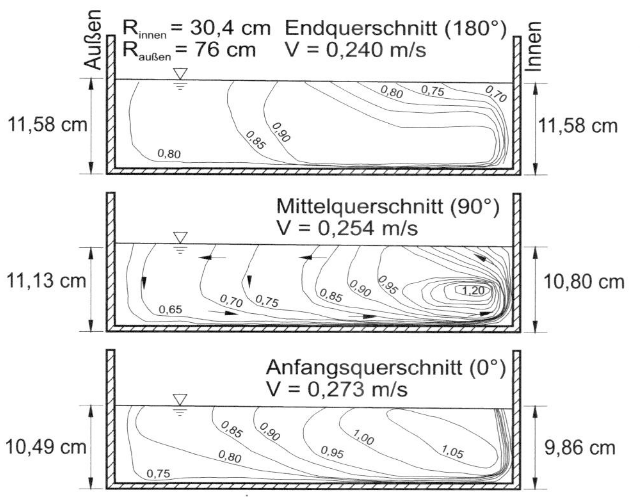

Abb. 2.16: Isovelen der Längsgeschwindigkeit im Laborgerinne mit 180° Krümmung mit fester Sohle und überlagerte Sekundärströmungen (nach Naudascher, 1992)

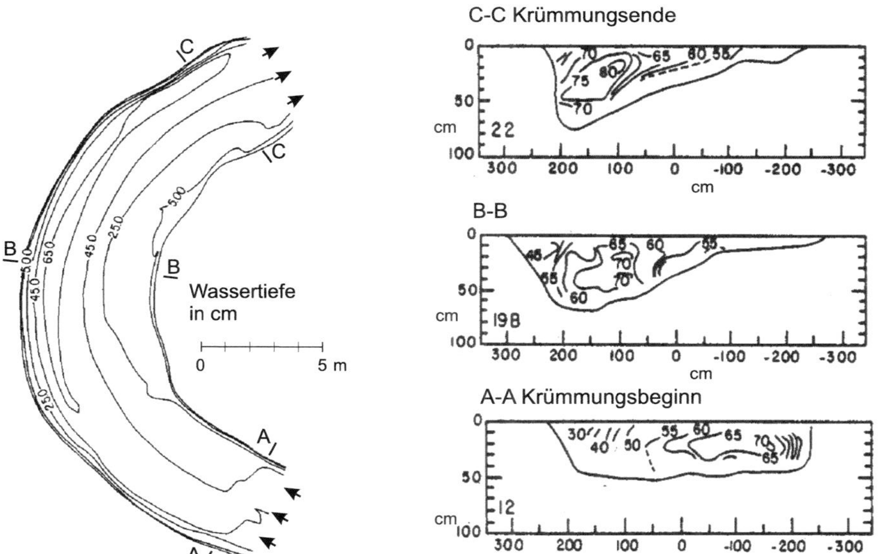

(a) Draufsicht

(b) Isovelen der Längsgeschwindigkeit an drei Querschnitten

Abb. 2.17: Feldmessungen der Strömungsstruktur in der Krümmung eines kleinen Flusses mit beweglicher Sohle (nach Ikeda und Parker, 1989)

2.2.3 Einbauten

Einbauten in Gerinnen sind vor allem Pfähle oder Pfeiler, Buhnen (z. B. für Brücken) in der Gerinnemitte oder auch Widerlager am Gerinnerand.

Abb. 2.18 zeigt die Strömungsverhältnisse für einen kreiszylindrischen Pfeiler mit Durchmesser D im strömenden Gerinneabfluss. Die Breite B der Strömung kann dabei der gesamten Gerinnebreite entsprechen (Einzelpfeiler) oder im Falle von mehreren Pfeilern dem Abstand zwischen den Symmetrielinien. Die Strömungsstörung erzeugt infolge von Grenzschichtablösungseffekten (1) eine Druckverteilung mit niedrigen Drücken an der fließabwärtigen Zylinderperipherie, und (2) eine turbulente Nachlaufströmung mit Energiedissipation. Der erstere Effekt drückt sich als die **Widerstandkraft** F_W aus (siehe Kap. 9HM), der zweite als die Verlusthöhe h_v. F_W wird durch den quadratischen Ansatz (Gl. 9.4HM) beschrieben

$$F_W = C_W \rho \frac{V^2}{2} A_p \tag{2.33}$$

wobei C_W der Widerstandbeiwert, $\rho V^2/2$ der Staudruck und A_p die normal zur Strömung projizierte Querschnittsfläche sind. Für C_W gilt

$$C_W = f(\text{Körper- und Gerinnegeometrie, Körperrauheit, Re, Fr}) \tag{2.34}$$

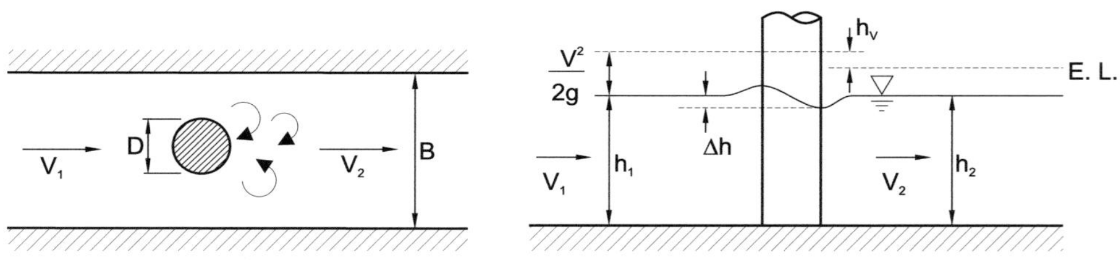

(a) Draufsicht (b) Seitenansicht

Abb. 2.18: Zylindrischer Pfeiler in Gerinneströmung mit strömendem Abfluss

Im Gegensatz zu voll eingetauchten Körpern ist der Schwerkrafteinfluss, gemessen durch die Froudezahl, bei Gerinnebauten wichtig, da stehende Wellen einen zusätzlichen Pfeilerstau Δh (siehe Abb. 2.18(b)) verursachen und somit den Widerstand erhöhen.

Die Energiedissipation P_v ist gegeben durch die Widerstandskraft und die Fließgeschwindigkeit, $P_v = F_W V$. Sie ist aber auch mit der lokalen Verlusthöhe durch $P_v = \gamma V B h h_v$, analog zu Gl. (2.21), gegeben. Mit Hilfe von Gl. (2.33) bzw. Gl. (2.28) ergibt sich die Beziehung

$$\zeta = \left(\frac{A_p}{Bh}\right) C_W \tag{2.35}$$

zwischen Energieverlust- bzw. Widerstandsbeiwert. Sie ist durch den Verbauungsgrad A_p/Bh bestimmt. Bei einfachen prismatischen Pfeilerformen $A_p = Dh$, so dass der Verbauungsgrad gleich D/B ist.

Umfangreiche Untersuchungen zu den Beiwerten C_W (bzw. ζ) für diverse Einbauformen sind in Naudascher (1992) zusammengefasst. Abb. 2.19(a) zeigt beispielhaft einen zylindrischen Pfeiler im strömenden Bereich (Fr $<$ 1). Für Fr $<$ 0,5 ist der Wellenabfluss vernachlässigbar und $C_W \approx 1{,}0$ im Reynolds-invarianten Bereich analog zu eingetauchten Körpern (vgl. Abb. 9.6HW). Bei höheren Froudezahlen steigt je nach Verbauungsgrad D/B infolge Wellenbildung der C_W-Wert auf etwa 1,5. Im schießenden Bereich dagegen ergeben sich kleine C_W-Werte. Die Verhältnisse für einen mehr stromlinienförmigen Pfeiler (Pfeilerlänge = $5D$) und Verbauungsgrad $D/B = 1/3$ sind in Abb. 2.19(b) dargestellt. Ohne Schwereeinfluss (Fr $<$ 0,5) ergibt sich $C_W \approx 0{,}5$. Infolge starker Wellenbildung am Vorderende des Pfeilers steigt C_W auf etwa den doppelten Wert an. Bei überkritischen Froudezahlen ist zwar die Wellenhöhe noch größer, die Wellenform aber etwa symmetrisch, so dass der C_W-Wert insgesamt absinkt.

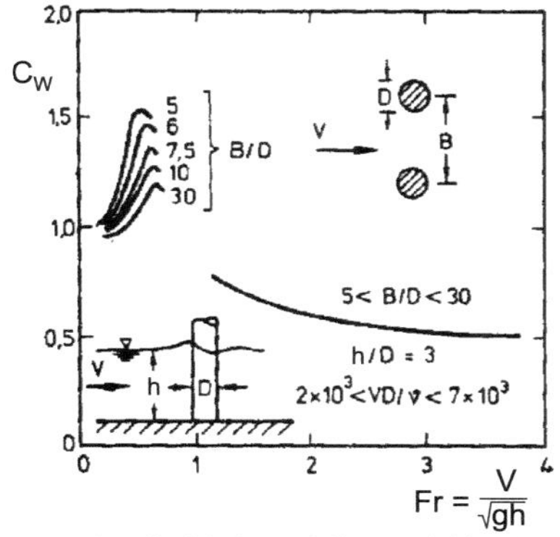

(a) Kreiszylindrischer Pfeiler, variabler Verbauungsgrad D/B

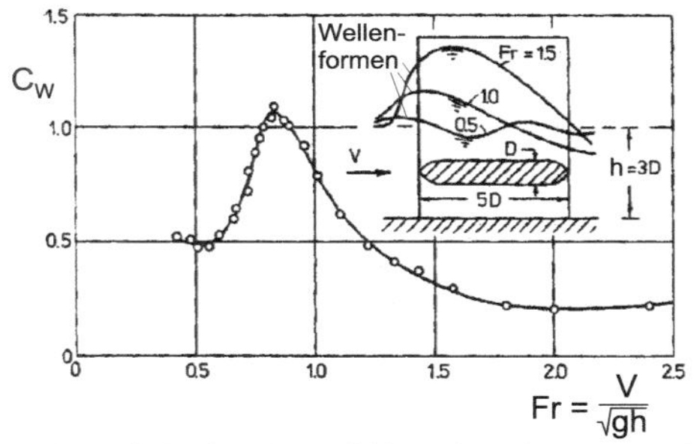

(b) Stromlinienförmiger Pfeiler mit Verbauungsgrad $D/B = 1/3$ und Wassertiefe $h = 3D$

Abb. 2.19: Einfluss der Froudezahl auf das Widerstandsverhalten C_W von Pfeilerbauten in Gerinneströmungen (nach Naudascher, 1992)

Aufgrund der Störung der turbulenten Grundströmungen durch den Pfeiler entstehen auch Sekundärströmungen in Form von hufeisenförmigen Wirbelstrukturen. Bei alluvialen Gerinnen mit beweglichem Sohlmaterial können diese beträchtliche Eintiefungen („Kolke“) an der Pfeilerperipherie verursachen.

Kapitel 3

Stark ungleichförmiger Abfluss: Strömungsübergänge und Kontrollbauwerke

Stark ungleichförmige Abflussvorgänge in Gerinnen sind durch beträchtliche Änderungen in Wasserspiegellage sowie in den Fließgeschwindigkeiten, die über kurze Distanzen auftreten, gekennzeichnet. Sie ergeben sich durch lokale Änderungen in der Gerinnegeometrie, also im Querschnitt oder im Sohlgefälle. Bauwerke im Gerinne, wie Wehre, Schütze, Überfälle, etc., die oftmals zur Durchflusskontrolle eingesetzt werden, sind einige der wesentlichen wasserbaulichen Anwendungen hierzu.

Da stark ungleichförmige Strömungen sich im Bereich kurzer Distanzen abspielen, können in vielen Fällen kontinuierliche Verluste vernachlässigt werden, was einer reibungsfreien Strömung entspricht. Diese Annahme ist aber nicht gültig für solche Strömungsformen, bei denen Grenzschichtablösungen und Rückströmungen auftreten, die demnach stark dissipativ sind, wie etwa beim Wechselsprung (Abschn. 3.4).

3.1 Definitionen

Abb. 3.1 zeigt eine lokale Energiebetrachtung für eine ungleichförmige Strömung über einen Gerinneabschnitt Δx bei willkürlicher Sohlneigung θ. Die Wassertiefen h_1 bzw. h_2 bei den zwei Querschnitten (1) und (2) werden jeweils normal zur Gerinnesohle gemessen.

Für einen stationären Durchfluss Q gilt die Kontinuitätsgleichung

$$Q = V_1 A_1 = V_2 A_2 \tag{3.1}$$

wobei V_1 bzw. V_2 die mittleren Geschwindigkeiten und A_1 bzw. A_2 die Querschnittsflächen sind.

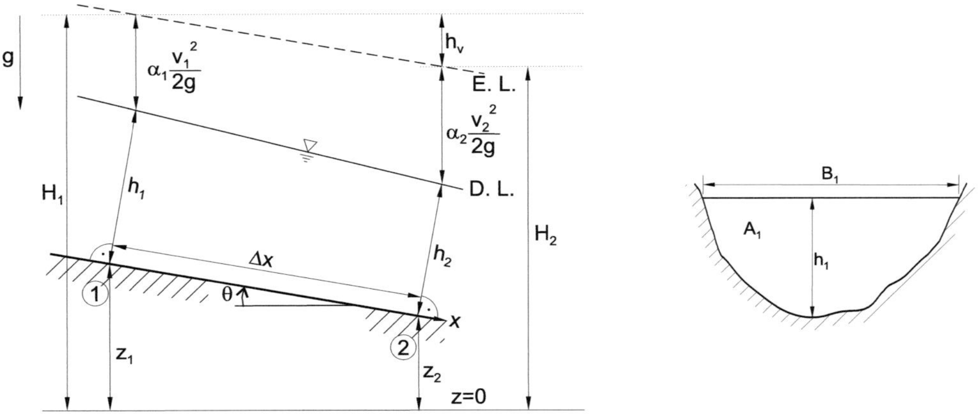

(a) Längsschnitt (b) Querschnitt 1

Abb. 3.1: Anwendung der Arbeits-Energie-Gleichung auf stark ungleichförmige Gerinneströmung

Die Arbeits-Energie-Gleichung, Gl. (5.16HM), lautet in diesem Fall

$$z_1 + h_1 \cos\theta + \alpha_1 \frac{V_1^2}{2g} = z_2 + h_2 \cos\theta + \alpha_2 \frac{V_2^2}{2g} + h_v \tag{3.2a}$$

bzw.

$$H_1 = H_2 + h_v \tag{3.2b}$$

wobei

$$H_1 = z_1 + h_1 \cos\theta + \alpha_1 \frac{V_1^2}{2g} \quad \text{bzw.} \quad H_2 = z_2 + h_2 \cos\theta + \alpha_2 \frac{V_2^2}{2g} \tag{3.2c}$$

die gesamte Energiehöhe in den zwei Querschnitten darstellt, also das Maß für die Fähigkeit des strömenden Fluids Arbeit zu leisten. α_1 und α_2 sind dabei die Energieungleichförmigkeitsfaktoren und h_v die Energieverlusthöhe über den Gerinneabschnitt.

Die Druckhöhen, $h_1 \cos\theta$ bzw. $h_2 \cos\theta$, in Gl. (3.2a) ergeben sich unter der Annahme, dass die Sohle in dem Gerinneabschnitt annähernd gerade (*ohne Sohlkrümmung*) verläuft und auch die Stromlinien in etwa geradlinig parallel sind, so dass eine hydrostatische Druckverteilung normal zu den Stromlinien gegeben ist (siehe Abschn. 4.1.5.2HM). Wird ein willkürlicher Punkt A mit Sohlabstand a angenommen (Abb. 3.2(a)), so ist der dort herrschende Druck $p_A = \gamma(h_1 - a)\cos\theta$, nach Integration der hydrostatischen Gleichung in Richtung n mit der Bedingung $p = 0$ an der Wasseroberfläche. Die Höhenlage des Punktes A relativ zum Sohlpunkt B ist jedoch $a\cos\theta$, so dass die piezometrische Druckhöhe als Summe, $p_A/\gamma + a\cos\theta$,

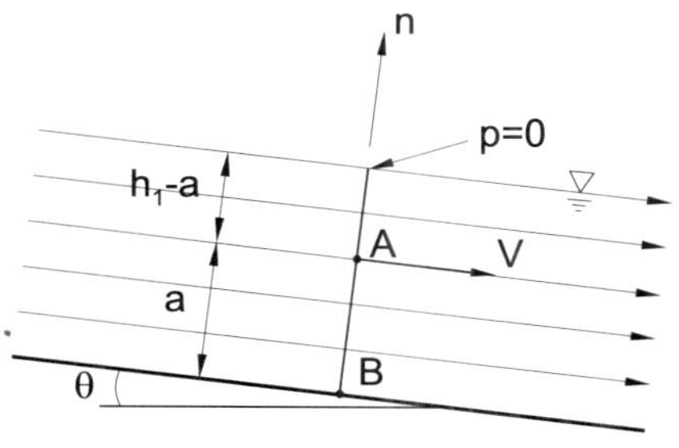

(a) Ohne Sohlkrümmung

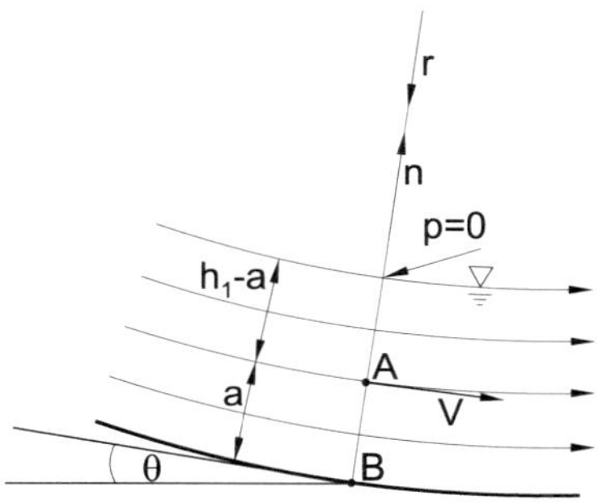

(b) Konkave Sohle

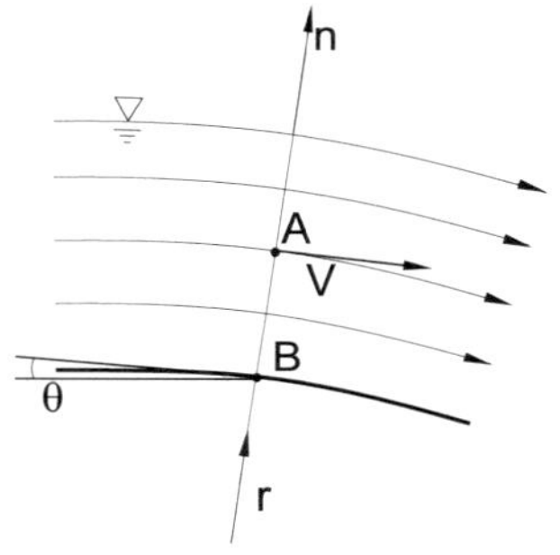

(c) Konvexe Sohle

Abb. 3.2: Druckverteilung im Gerinnequerschnitt als Funktion der Sohlkrümmung

unabhängig von a im Querschnitt gleich $h_1 \cos\theta$ ist, wie in Gl. (3.2a) aufgezeigt. Der Sohldruck selbst ist

$$p_B = \gamma h_1 \cos\theta \tag{3.3a}$$

Ist die Sohle lokal gekrümmt (Abb. 3.2(b), (c)), so entstehen zusätzliche Druckänderungen durch Fliehkrafteffekte. Für eine *konkave Sohle* (Abb. 3.2(b)) ergibt die Impulsgleichung, Gl. (4.16bHM),

$$\frac{\partial p}{\partial n} = -\gamma \cos\theta - \rho \frac{V^2}{r}$$

wobei r der lokale Krümmungsradius ist. Integration über n zwischen dem Punkt A und der Wasseroberfläche ergibt $p_A = \gamma(h_1 - a)\cos\theta + \rho\frac{V^2}{r}(h_1 - a)$ unter der Annahme, dass alle Stromlinien etwa gleichen Krümmungsradius r haben. Der Sohldruck bei $(a = 0)$ ist

$$p_B = \gamma h_1 \cos\theta + \rho \frac{V^2}{r} h_1 \tag{3.3b}$$

Es herrscht also ein Überdruck, $+\rho\frac{V^2}{r}h_1$, der zu zusätzlicher Sohlbelastung führt.

Für eine *konvexe Sohle* (Abb. 3.2(c)) ergibt sich analog

$$p_B = \gamma h_1 \cos\theta - \rho \frac{V^2}{r} h_1 \tag{3.3c}$$

also ein Unterdruck, $-\rho \frac{V^2}{r} h_1$, relativ zum rein hydrostatischen Druck. Das negative Vorzeichen in Gl. (3.3c) resultiert aus den unterschiedlichen Koordinatenrichtungen für r im Vergleich zum konkaven Fall.

Solche Über- bzw. Unterdruckeffekte müssen beim Entwurf von überströmten Wehren berücksichtigt werden (siehe Abschn. 3.3.1).

Eine vereinfachte Form der Arbeits-Energie-Gleichung für Gerinne kleiner Neigung, $\cos\theta \approx 1$, und unter Vernachlässigung der Geschwindigkeitsungleichförmigkeiten, $\alpha = 1$, ist

$$z_1 + h_1 + \frac{V_1^2}{2g} = z_2 + h_2 + \frac{V_2^2}{2g} + h_v \tag{3.4a}$$

Mit der Definition $(z_1 - z_2)/\Delta x = \sin\theta \approx \tan\theta = I_o$ für das Sohlgefälle und $h_v/\Delta x = I_e$ für das Energiegefälle folgt

$$h_1 + \frac{V_1^2}{2g} + I_o \Delta x = h_2 + \frac{V_2^2}{2g} + I_e \Delta x \tag{3.4b}$$

Die **spezifische Energie** E ist die Energiehöhe relativ gemessen zur lokalen Sohlenlage

$$E = h + \frac{V^2}{2g} \tag{3.5}$$

Sie ist eine wichtige Variable, die bestimmt, wie sich die Strömung in Bezug auf lokale Geometrieänderungen (z. B. Sohlenlage, Breite) verhält.

Gl. (3.4a) kann somit in Kurzform als

$$E_1 + z_1 = E_2 + z_2 + h_v \tag{3.6a}$$

bzw. als

$$E_1 + I_o \Delta x = E_2 + I_e \Delta x \tag{3.6b}$$

dargestellt werden.

3.2 Lokales reibungsfreies Abflussverhalten in Gerinneübergängen

Bei Strömungen über kurze Distanzen, die auch ablösungsfrei verlaufen, können die Reibungsverluste vernachlässigt werden, $h_v \approx 0$ bzw. $I_e \approx 0$, und die Arbeits-Energie-Gleichung vereinfacht weiter zu

$$E_1 + z_1 = E_2 + z_2 \tag{3.7a}$$

bzw.

$$E_1 + I_o \Delta x = E_2 \tag{3.7b}$$

3.2.1 Strömung im Rechteckgerinne: Spezifische Energie und spezifischer Durchfluss

Die Bedeutung der spezifischen Energie wird im Folgenden für den einfachsten Fall eines Rechteckgerinnes mit Breite B (sh. Abb. 1.2) und Durchfluss Q erläutert. Der Durchfluss q pro Breiteneinheit, auch **spezifischer Durch-(Ab-)fluss** genannt, ist

$$q = \frac{Q}{B} \tag{3.8}$$

Des weiteren gilt für die mittlere Geschwindigkeit:

$$V = \frac{q}{h}, \tag{3.9}$$

dies führt in Verbindung mit Gl. (3.5) zu

$$E = h + \frac{q^2}{2gh^2}. \tag{3.10}$$

Gl. (3.10) lässt sich umformen zu

$$h^3 - Eh^2 + \frac{q^2}{2g} = 0 \tag{3.11a}$$

also in eine Gleichung 3. Ordnung für die Wassertiefe, die funktional als

$$h = f(E, q) \tag{3.11b}$$

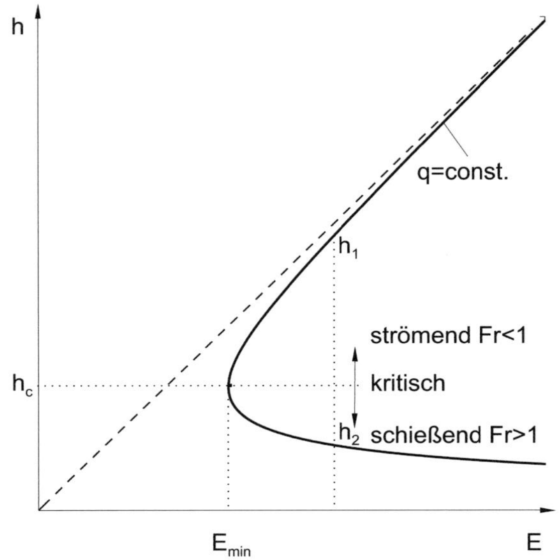

Abb. 3.3: Energiediagramm: Wassertiefe h als Funktion der spezifischen Energie E bei gegebenem spezifischem Durchfluss $q = \text{const.}$

dargestellt werden kann. D. h. die lokale Wassertiefe ergibt sich als Funktion der lokalen spezifischen Energie sowie des spezifischen Durchflusses. Im Folgenden wird die hydraulische Bedeutung von Gl. (3.11a) auf zwei Arten betrachtet:

a) **Gegebener spezifischer Durchfluss, q = const.:**

Gl. (3.11a) hat im Allgemeinen zwei positive Lösungen für die Wassertiefe h, wie im *Energiediagramm* (Abb. 3.3) als Funktion der spezifischen Energie E dargestellt ist. Für einen gewissen Wert von E gibt es demnach zwei mögliche Wassertiefen, h_1 und h_2, für die Strömung.

Nimmt E ab, so gehen bei einem Minimalwert E_{min} beide Lösungen ineinander über, und es stellt sich ein Grenzwert der Wassertiefe, y_c, ein. Dieser Minimalwert ergibt sich, indem die Ableitung von Gl. (3.10)

$$\frac{dE}{dh} = 1 - \frac{q^2}{gh^3} \tag{3.12}$$

gleich Null gesetzt wird, also $dE/dh = 0$, so dass gilt:

$$\frac{q^2}{gh_c^3} = 1. \tag{3.13}$$

h_c wird **kritische Wassertiefe** (oder Grenztiefe) genannt

$$h_c = \left(\frac{q^2}{g}\right)^{1/3}. \tag{3.14}$$

Bei gegebenem Abfluss $q = Vh = V_c h_c$, entspricht diese Wassertiefe auch einer **kritischen Geschwindigkeit** V_c. Wird $V_c h_c$ für q in Gl. (3.13) eingesetzt, so gilt

$$\frac{V_c^2}{g h_c} = Fr_c^2 = 1 \tag{3.15}$$

d. h. der kritische Abflusszustand ist durch eine Froudezahl Fr = 1,0 gekennzeichnet. Wird weiterhin Gl. (3.13) in Gl. (3.10) eingesetzt, findet man die minimale spezifische Energie

$$E_{\min} = h_c + \frac{1}{2}h_c = \frac{3}{2}h_c. \tag{3.16}$$

Dies bedeutet, dass beim kritischen Abflusszustand zwei Drittel (h_c) der lokalen Energie als potentielle und ein Drittel $(1/2h_c)$ als kinetische Energie vorhanden sind.

Der obere Ast des Energiediagramms, $h = h_1 > h_c$, ist demnach durch Froudezahlen Fr < 1,0,

$$\frac{q^2}{g h^3} = Fr^2 < 1 \tag{3.17}$$

(vgl. Gl. (3.13)) gekennzeichnet und repräsentiert strömende Abflussverhältnisse. Hier verläuft die Strömung mit großer Wassertiefe (großer potentieller Energieanteil) und kleiner Geschwindigkeit (kleiner kinetischer Energieanteil).

Für den unteren Ast, $h = h_2 < h_c$, gilt

$$Fr^2 > 1 \tag{3.18}$$

d. h. hier herrschen schießende Abflussverhältnisse mit kleiner Wassertiefe und hoher Geschwindigkeit.

Die zwei einander entsprechenden Abflusstiefen h_1 und h_2 werden **alternierende Tiefen** genannt.

b) **Gegebene spezifische Energie, E = const.:**

Wird h als Funktion des spezifischen Abflusses q aufgetragen, so ergibt sich die **Abflussparabel** (Abb. 3.4). Für einen gewissen Wert q können sich also wiederum die zwei alternierenden Tiefen h_1 (strömend) und h_2 (schießend) einstellen. Der maximale Wert der Wassertiefe, $h_{\max} = E$, entspricht einem ruhenden Gewässer (ohne kinetische Energie). Der

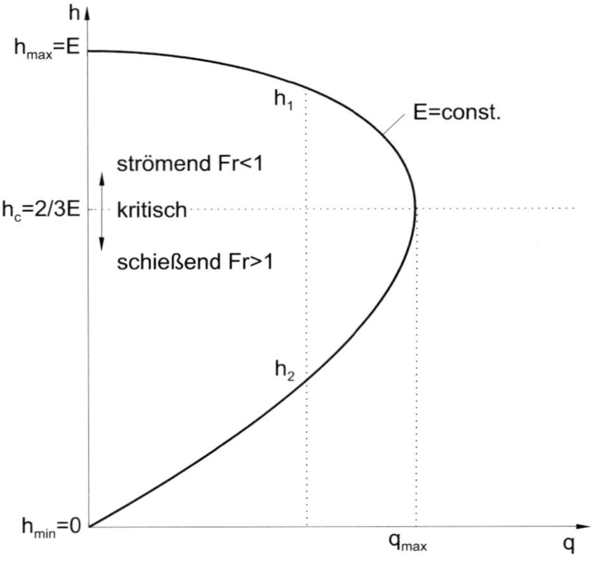

Abb. 3.4: Abflussparabel: Wassertiefe h als Funktion des spezifischen Abflusses q bei gegebener spezifischer Energie E = const.

minimale Wert, $h_{\text{min}} = 0$, dagegen entspricht einer sehr dünnen, schnell fließenden Schicht ohne potentielle Energie.

Der maximale Abfluss q_{max} ist gleich dem Abfluss bei kritischen Bedingungen q_c und kann entweder als Extremwert gefunden werden oder ergibt sich direkt aus den obigen Gleichungen

$$q_c = q_{\text{max}} = V_c h_c = \sqrt{g\left(\frac{2}{3}E\right)^3} \tag{3.19}$$

Dimensionslose Diagramme:

Die oben gezeigten graphischen Darstellungen im Energiediagramm (Abb. 3.3) bzw. Abflussparabel (Abb. 3.4) sind jeweils nur für einen Strömungszustand q = const. bzw. E = const. qualitativ dargestellt. Für veränderliche q bzw. E ergeben sich Kurvenfamilien, die alle aber eine ähnliche Kurvenform haben.

Für die praktische Lösung von lokalen Strömungsproblemen in Gerinneübergängen ist daher eine dimensionslose Darstellung der Diagramme (Abb. 3.5) hilfreich. Hierzu werden jeweils die kritischen Abflussbedingungen zur Normalisierung herangezogen.

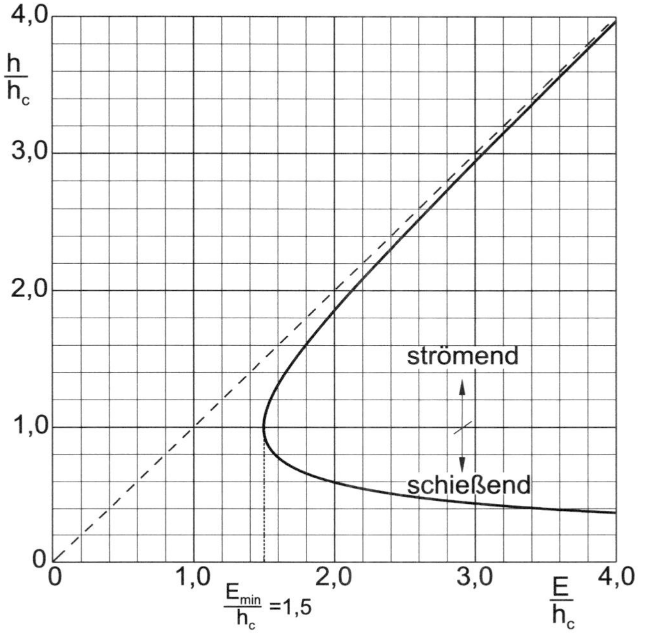

(a) Dimensionsloses Energiediagramm

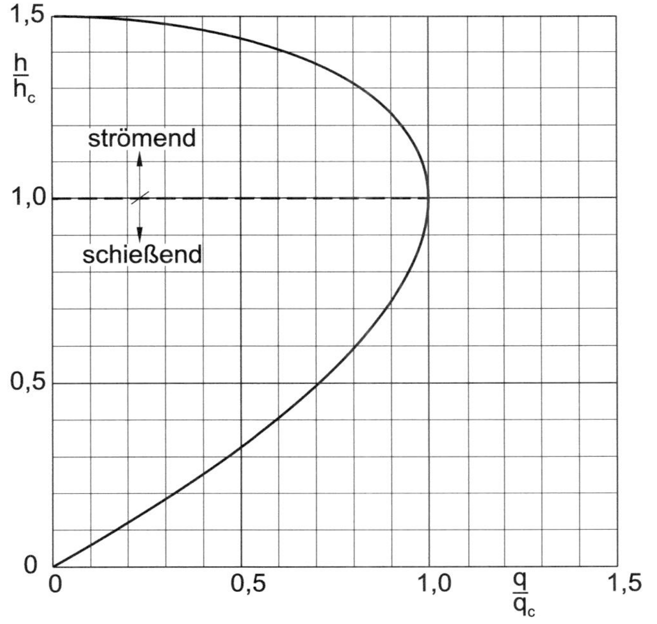

(b) Dimensionslose Abflussparabel

Abb. 3.5: Spezifisches Energiediagramm und Abflussparabel im Rechteckgerinne in dimen- sionsloser Darstellung

Das **dimensionslose Energiediagramm** (Abb. 3.5(a)) ergibt sich aus Gl. (3.10) nach Division durch h_c

$$\frac{E}{h_c} = \frac{h}{h_c} + \frac{q^2}{2gh^2h_c} = \frac{h}{h_c} + \frac{1}{2}\left(\frac{h_c}{h}\right)^2 \tag{3.20}$$

und nach Verwendung der kritischen Bedingung, Gl. (3.13).

Die **dimensionslose Abflussparabel** (Abb. 3.5(b)) folgt durch Umformung von Gl. (3.10) in eine explizite Funktion von q sowie Division durch den kritischen Abfluss q_c (Gl. (3.19) und Gl. (3.13))

$$\frac{q}{q_c} = \sqrt{3\left(\frac{h}{h_c}\right)^2 - 2\left(\frac{h}{h_c}\right)^3} \tag{3.21}$$

3.2.2 Strömungsübergänge im Rechteckgerinne: Anwendungen

In diesem Abschnitt wird das Konzept der spezifischen Energie durch einige Beispiele illustriert. Die Strömung ist bei diesen Anwendungen stationär und verläuft ablösungs- und rückströmungsfrei über kurze Distanzen, so dass sie als reibungsfrei angenommen werden kann.

Anwendung: Schütz

Abb. 3.6(a) zeigt eine Gerinneströmung in einem Kanal mit ebener Sohle und konstanter Breite B, durch den Wasser aus einem großen Speicher ausfließt. Der Abfluss im Kanal wird dabei durch ein Schütz, d. h. eine vertikal verstellbare Platte, kontrolliert. Im Bereich des Schützes sind die Stromlinien gekrümmt und es herrschen nicht-hydrostatische Verhältnisse. Weiter stromauf- bzw. stromabwärts dagegen sind die Stromlinien geradlinig und parallel, so dass dort das spezifische Energiekonzept jeweils gültig ist.

Je nach Öffnungshöhe s des Schützes stellt sich ein kontrollierter Durchfluss Q ein, der durch die Abflussformel für ein Schütz

$$Q = C_Q\sqrt{2gh_1}sB$$

gegeben ist, wie in Abschn. 3.3.2 hergeleitet wird. h_1 ist die Anströmtiefe oberhalb des Schützes. C_Q ist dabei ein empirischer Abflussbeiwert, der vorrangig der Einschnürung des Wasserspiegels stromabwärts entspricht und eine Funktion der Geometrie im Strömungsbereich des Schützes ist. Ein typischer Wert ist hierbei $C_Q \approx 0{,}6$.

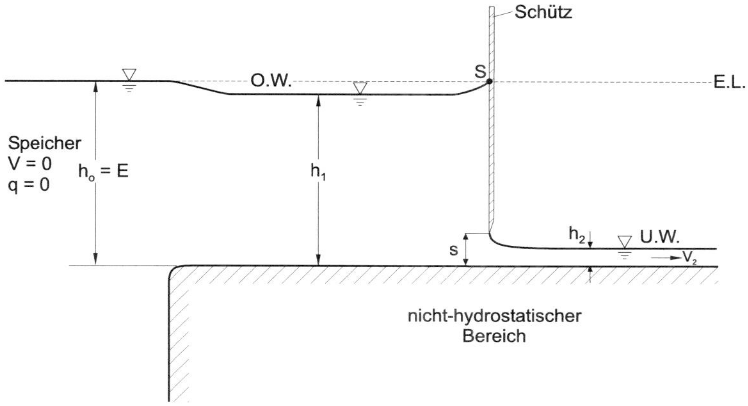

(a) Strömungsverlauf bei geringer Schützöffnung

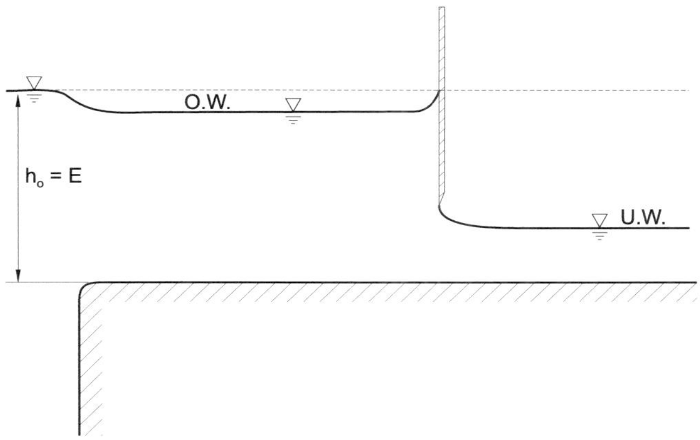

(b) Vergrößerte Schützöffnung

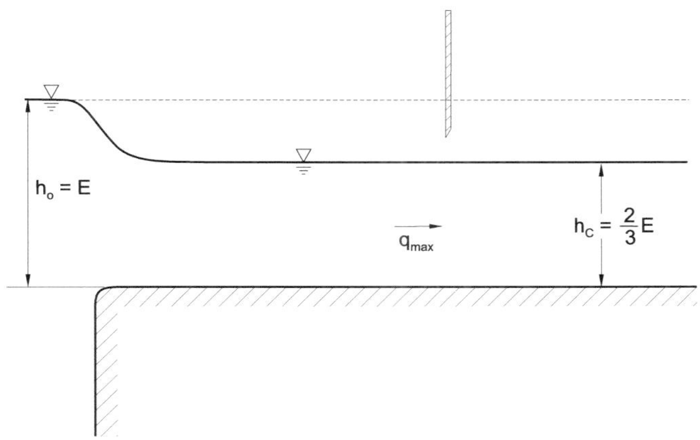

(c) Schütz vollständig geöffnet

Abb. 3.6: Strömung aus einem Speicher in einen Rechteckskanal mit einem Schütz

Die E.L. ist konstant im Strömungsbereich, so dass aufgrund der ebenen Sohle auch die spezifische Energie konstant und gleich dem Wasserstand h_o im Speicher ist, $E = h_o$. Zur weiteren Betrachtung ist es deshalb nützlich, die Abflussparabel (E = const.) zu verwenden.

Als Folge des vom Schütz kontrollierten spezifischen Abflusses, $q = Q/B$, stellen sich zwei alternierende Tiefen ein: die Anströmung ist unterkritisch mit Tiefe h_1 und die Abströmung ist überkritisch mit Tiefe h_2. Das Schütz erzeugt also einen Strömungsübergang von strömenden (unterkritischen) zu schießenden (überkritischen) Bedingungen.

Wird das Schütz nun angehoben (Abb. 3.6(b)), also s vergrößert, so ergibt sich aufgrund der Abflussformel ein vergrößerter Abfluss q. Dies entspricht in der Abflussparabel, Abb. 3.4, einer Verschiebung nach rechts. Dadurch wird die Anströmtiefe h_1 gesenkt, während die Abströmtiefe h_2 zunimmt, wie in Abb. 3.6(b) qualitativ dargestellt ist.

Der maximale mögliche Abfluss $q_{\max} = \sqrt{g\left(\frac{2}{3}h_c\right)^3}$ nach Gl. (3.19) stellt sich ein, wenn das Schütz höher als die kritische Tiefe $h_c = \frac{2}{3}h_o$ angehoben worden ist, also $s > h_c$. In diesem Falle stellt sich kritischer Abfluss in diesem Gerinnebereich[1] ein (Abb. 3.6(c)).

Anwendung: Sohlschwelle

Der Einfluss einer Sohlschwelle, also einer Erhöhung Δz an der Gerinnesohle, ist in Abb. 3.7 dargestellt. Das Gerinne mit konstanter Breite B hat eine ebene Sohle vor und nach der Sohlschwelle, die eine allmähliche, also ablösungsfreie Formgebung hat. Bei einem gegebenen Abfluss Q ist somit der spezifische Abfluss $q = Q/B =$ const., so dass das spezifische Energiediagramm (Abb. 3.3 bzw. 3.5(a)) verwendet werden kann.

Die spezifische Energie der Anströmung sei E_o. Im Bereich der Sohlschwelle reduziert sich die spezifische Energie je nach Sohlenhöhe z, $E = E_o - z$. Am obersten Punkt der Sohlschwelle gilt der Mindestbetrag $E_o - \Delta z$.

Abb. 3.7(a) zeigt den Wasserspiegelverlauf bei strömendem (unterkritischem) Abfluss. Wie aus dem Energiediagramm (Abb. 3.3) ersichtlich ist, nimmt die Wassertiefe h_1 stärker als die Energiehöhe ab, so dass sich der Wasserspiegel über der Sohlschwelle absenkt.

Umgekehrte Verhältnisse herrschen bei schießendem (überkritischem) Abfluss, wie in Abb. 3.7(b) angedeutet. In diesem Fall erhöht sich die Abflusstiefe über der Schwelle!

[1] Der reibungsfreie Abfluss kann natürlich nicht über lange Distanzen verlaufen. Das Strömungsproblem in Abb. 3.6(c) hängt demnach von der Geometrie weiter stromabwärts ab, wo sich z. B. ein Sohlenabsturz befinden kann oder wo sich in einem längeren Gerinne der Reibungseinfluss kumulativ auswirken wird.

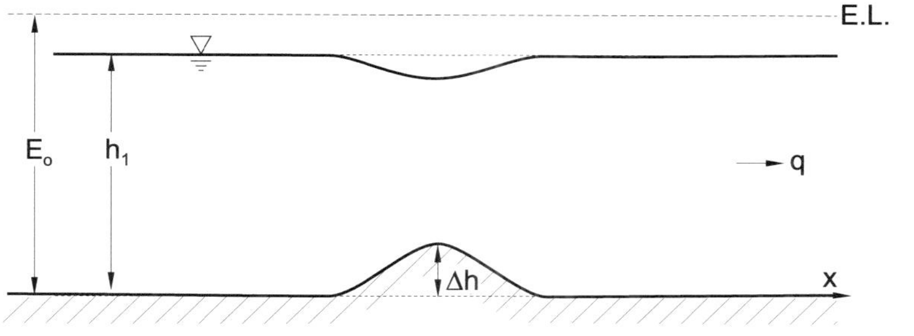

(a) Unterkritische Anströmung

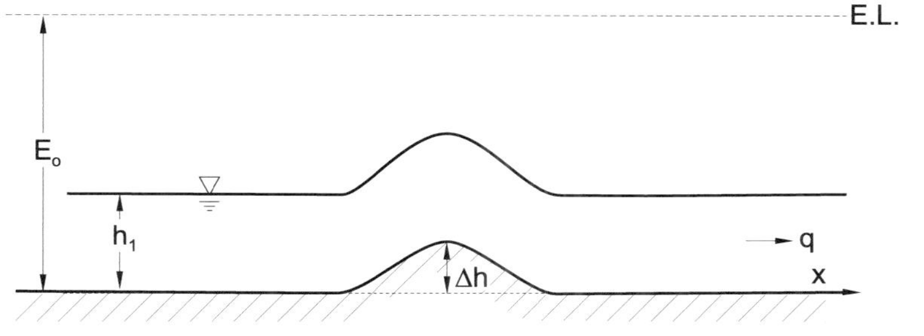

(b) Überkritische Anströmung

Abb. 3.7: Strömungsübergang über eine Sohlschwelle mit Höhe Δz in einem Kanal mit konstanter Breite

Bei einer höheren Sohlschwelle nähern sich die beiden Strömungstiefen über der Schwelle einander an. Bei einer maximalen Schwellenhöhe Δz_{max} stellt sich ein kritischer Abflussquerschnitt mit einer Wassertiefe

$$h_c = \frac{2}{3}\left(E_0 - \Delta z_{\text{max}}\right)$$

an der Schwelle ein, wie in Abb. 3.8 für den Fall einer unterkritischen Anströmung dargestellt ist. Nach Erreichen der Grenztiefe entspricht der weitere Wasserspiegel dann dem unteren Ast des Energiediagramms, d. h. die Strömung geht in einen schießenden Abfluss über.[2]

Bei stationären Strömungsverhältnissen sind Sohlschwellenhöhen größer als Δz_{max} nicht möglich. Sollte die Schwelle höher angehoben werden (z. B. durch einen flexiblen Boden), so würde sie den gegebenen Abfluss beeinflussen und es würde sich eine instationäre Schwallwelle im Gerinne bilden und sich stromaufwärts fortpflanzen.

[2]Theoretisch könnte die Abströmung auch wieder unterkritisch erfolgen. In der Praxis aber verursachen vertikale Beschleunigungen, die in der spezifischen Energietheorie nicht berücksichtigt sind, immer einen Übergang vom Strömen zum Schießen.

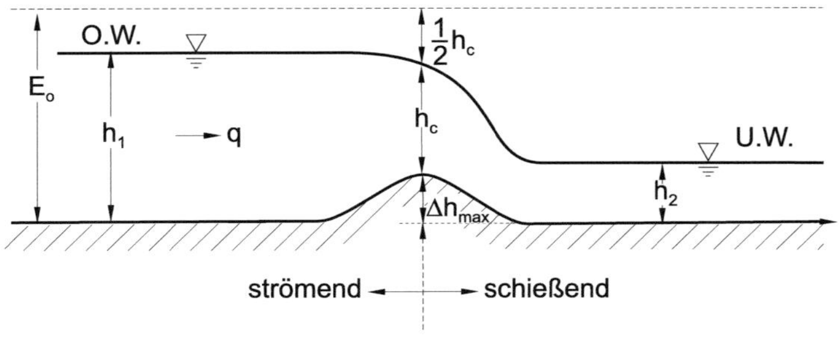

Abb. 3.8: Strömungswechsel bei Sohlschwelle mit maximaler Höhe Δz_{max}

Anwendung: Reibungsfreies Strömungsverhalten bei Sohlen- bzw. Breitenänderungen

Das Verhalten der Wassertiefe $h(x)$ ist generell von Änderungen der Sohlenhöhe $z(x)$ sowie der Gerinnebreite $B(x)$ in Fließrichtung x abhängig. In einer reibungsfreien Gerinneströmung ist die Gesamtenergiehöhe $H = E + z$ (nach Gl. (3.7a), vgl. Abb. 3.1 bzw. HM, Kap. 10) in einem Rechteckgerinne $H = h + q^2/(2gh^2) + z$ in der Fließrichtung konstant. Demnach gilt:

$$\frac{dH}{dx} = 0 = \frac{dh}{dx} + \frac{d}{dx}\left(\frac{q^2}{2gh^2}\right) + \frac{dz}{dx}. \tag{3.22}$$

Für einen gegebenen Durchfluss Q ändert sich der spezifische Durchfluss $q(x) = Q/B(x)$ durch Breitenänderung. Anwendung der Kettenregel auf den zweiten Term auf der rechten Seite führt zu

$$\frac{dh}{dx} + \frac{q}{gh^2}\frac{dq}{dx} - \frac{q^2}{gh^3}\frac{dh}{dx} + \frac{dz}{dx} = 0. \tag{3.23}$$

Die Änderung des spezifischen Durchflusses hängt von der Breitenänderung ab,

$$\frac{dq}{dx} = -\frac{Q}{B^2}\frac{dB}{dx}. \tag{3.24}$$

Wird Gl. (3.24) in Gl. (3.23) eingesetzt, so resultiert nach Umformung die Gleichung für die Änderung der Wassertiefe

$$\frac{dh}{dx} = \frac{-\frac{dz}{dx} + \text{Fr}^2 \frac{h}{B}\frac{dB}{dx}}{1 - \text{Fr}^2} \tag{3.25}$$

mit der Definition der Froudezahl nach Gl. (3.17).

Gl. (3.25) gibt Änderungen in der Wassertiefe dh/dx als Folge von Änderungen der Gerinnegeometrie, dz/dx bzw. dB/dx, und des Strömungszustandes, Fr, an. Diese Änderungen sind in Tabelle 3.1 qualitativ zusammengefasst. Das gegensätzliche Verhalten je nach Strömungszustand, ob strömend oder schießend, ist hier wesentlich. Des Weiteren sind diese Gesetzmäßigkeiten wichtig für die Bemessung von Kanalübergängen: z. B. kann eine Verengung in einem

Kanal bei strömenden Bedingungen $(dh/dx < 0)$ durch eine gleichzeitige entsprechende Vertiefung $(dh/dx > 0)$ ausgeglichen werden, um annähernd einen gleichmäßigen Wasserspiegel zu gewährleisten.

Tabelle 3.1: Änderungen der Wassertiefe, dh/dx, in einem Rechteckgerinne mit variabler Gerinnegeometrie, dz/dx bzw. dB/dx.

	Strömend Fr < 1	Schießend Fr > 1
Sohlerhöhung $dz/dx > 0$	$dh/dx < 0$	$dh/dx > 0$
Sohlvertiefung $dz/dx < 0$	$dh/dx > 0$	$dh/dx < 0$
Erweiterung $dB/dx > 0$	$dh/dx > 0$	$dh/dx < 0$
Verengung $dB/dx < 0$	$dh/dx < 0$	$dh/dx > 0$

3.2.3 Strömung in allgemeinen Gerinnequerschnitten

Um festzustellen, ob sich eine Strömung mit einem allgemeinen, nicht rechteckigen Gerinnequerschnitt in einem strömenden oder schießenden Abflusszustand befindet, werden die obigen Ansätze erweitert.

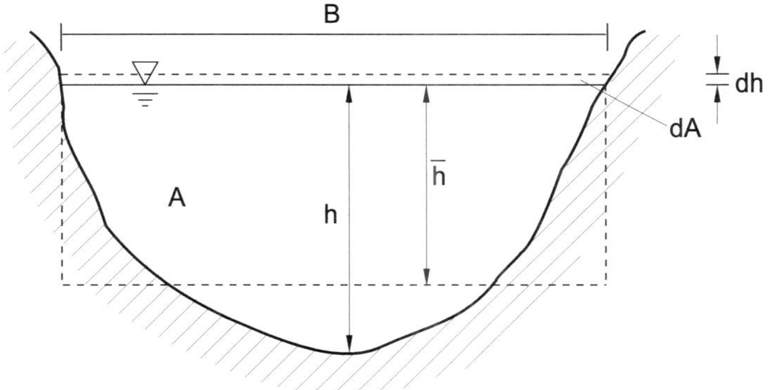

Abb. 3.9: Genereller Gerinnequerschnitt

Für einen generellen Gerinnequerschnitt (Abb. 3.9) mit Durchfluss Q ist die spezifische Energie nach Gl. (3.5)

$$E = h + \frac{Q^2}{2gA^2} \tag{3.26}$$

Der kritische Abflusszustand ist wiederum durch die Extremwertbildung gegeben

$$\frac{dE}{dh} = 1 - \frac{Q^2}{gA^3}\frac{dA}{dh} = 0 \tag{3.27}$$

Da aber $dA = Bdh$ (siehe Abb. 3.9) sowie für den kritischen Fall $B = B_c$ und $A = A_c$ gilt, ist der kritische Abfluss durch

$$\frac{Q^2 B_c}{gA_c^3} = 1 \tag{3.28}$$

gegeben (vgl. Gl. (3.13) für den Rechteckquerschnitt). Da $V_c = Q_c/A_c$, gilt für das Quadrat der kritischen Froudezahl

$$\frac{V_c^2}{g(A_c/B_c)} = \mathrm{Fr}_c^2 = 1 \tag{3.29}$$

(vgl. Gl. (3.15)).

Analog hierzu ist die Froudezahl für einen allgemeinen Querschnitt durch

$$\mathrm{Fr} = \frac{V}{\sqrt{g(A/B)}} = \frac{V}{\sqrt{g\bar{h}}} \tag{3.30}$$

definiert, d. h. die mittlere Tiefe $\bar{h} = A/B$ ist das für den Schwerkrafteinfluss wesentliche Längenmaß! Eine Strömung in einem allgemeinen Querschnitt ist demnach im strömenden Abflusszustand, wenn für die Froudezahl in Gl. (3.30), $\mathrm{Fr} < 1$; und in einem schießenden, wenn $\mathrm{Fr} > 1$. Diese Definitionen sind für Wasserspiegelberechnungen in natürlichen Gerinnen (siehe Abschn. 4.3) von Bedeutung.

3.3 Kontrollbauwerke

Kontrollbauwerke sind bauliche Maßnahmen im Gerinne, welche lokal den Durchfluss fixieren, d. h. kontrollieren. Sie erreichen dies durch starke Querschnittsänderungen (z. B. Verengungen, Höhenänderungen) und sie beruhen oft, jedoch nicht in allen Fällen, auf dem Prinzip des kritischen Abflusses.

3.3.1 Überströmte Bauwerke: Wehre

Grundtyp: Breitkroniges Wehr

Abb. 3.10 zeigt ein breitkroniges Wehr in einem Gerinne. Dieser Wehrtyp ist zwar für die moderne wasserbauliche Praxis unbedeutend, aber wichtig für die theoretische Herleitung der Abflussformel für Wehre.

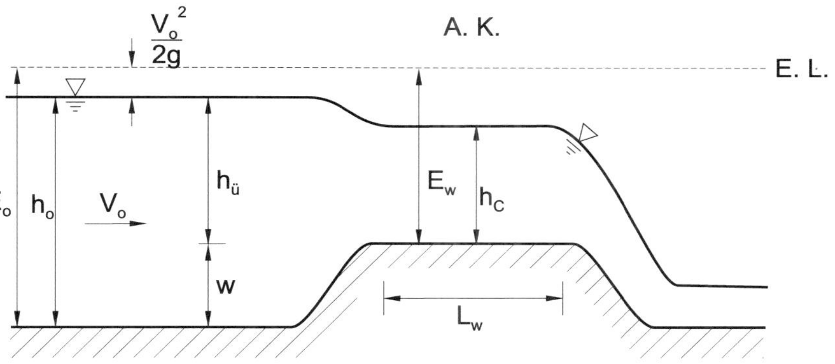

Abb. 3.10: Breitkroniges Wehr im Rechteckgerinne mit Breite B

Das Wehr befindet sich in einem Kanal mit konstanter Breite B mit Anströmgeschwindigkeit V_o und Tiefe h_o sowie spezifischer Energie E_o. Die Strömung im Wehrbereich verläuft etwa reibungsfrei, also mit horizontaler Energielinie. Durch die Wehrhöhe w reduziert sich die spezifische Energie, $E_w = E_o - w$, über die Wehrlänge L_w. Das Wehr ist genügend lang, so dass sich eine parallele Strömung mit hydrostatischer Druckverteilung einstellt. Dieser gesamte Strömungsbereich über L_w befindet sich demnach im kritischen Abflusszustand und agiert somit als „Abflusskontrolle' (A.K.).

Die kritische Wassertiefe über dem Wehr ist nach Gl. (3.16)

$$h_c = \frac{2}{3}E_w = \frac{2}{3}(E_o - w) = \frac{2}{3}\left(h_ü + \frac{V_o^2}{2g}\right) \tag{3.31}$$

wobei $h_ü$ der Wasserstand relativ zur Wehrhöhe, also die „Überstauhöhe" ist, da ein Wehr immer einen Staueffekt verursacht. Aus dem kritischen Abfluss, Gl. (3.13) bzw. (3.19), errechnet sich demnach der Gesamtabfluss

$$Q = qB = \sqrt{gh_c^3}B = \sqrt{g}\left[\frac{2}{3}\left(h_ü + \frac{V_o^2}{2g}\right)\right]^{3/2} B. \tag{3.32a}$$

Diese Gleichung kann umgeformt werden zu

$$Q = \left[\frac{1}{\sqrt{2}}\left(\frac{2}{3}\right)^{3/2}\left(1 + \frac{V_o^2}{2gh_ü}\right)^{3/2}\right]\sqrt{2g}h_ü^{3/2}B \tag{3.32b}$$

um den Standardtypus der **Abflussformel für überströmte Bauwerke (Wehre)**

$$Q = C_Q\sqrt{2g}h_ü^{3/2}B \tag{3.33}$$

zu erhalten, wobei C_Q ein dimensionsloser Abflusskoeffizient ist.

Für das breitkronige Wehr ist C_Q gleich dem Klammerausdruck in Gl. (3.32b). Der Richtwert für ein hohes Wehr mit starkem Staueffekt, $h_ü/w \to 0$ sowie $V_o \to 0$, ist

$$C_Q = \frac{1}{\sqrt{2}}\left(\frac{2}{3}\right)^{3/2} = 0{,}385 \tag{3.34}$$

Die Wehrabflussformel, Gl. (3.33), wird im folgenden für generelle Wehrformen angewandt, wobei der Abflusskoeffizient von mehreren Faktoren

$$C_Q = f\left(\frac{h_ü}{w}, \mathrm{Fr}_o = \frac{V_o}{\sqrt{gh_o}}, \mathrm{Form}, \mathrm{Rauheit}, \mathrm{Re} = \frac{V_o h_o}{\nu}, \mathrm{We} = \frac{V_o}{\sqrt{\frac{\sigma}{\rho h_ü}}}\right) \tag{3.35}$$

abhängt. $h_ü/w$ ist die relative Einstauhöhe und Fr_o die Froudezahl der Anströmung. Die Form des Wehres bezieht sich auf die verschiedenen, in der Praxis üblichen Wehrgeometrien, die zusammen mit der Rauheit das Strömungsverhalten sowie etwaige Energieverluste beschreiben. Besonders bei kleinskaligen Wehren, wie in Labormodellen können auch Reynolds- und Weberzahleffekte (siehe Gl. (6.13HM)) eine Rolle spielen, werden sonst aber vernachlässigt.

Scharfkantiges Wehr

Das scharfkantige Wehr (Abb. 3.11) ist das andere Extrem eines dünnen Wehrkörpers (z. B. dünne Platte) mit scharfer Überfallkante. An der scharfen Kante löst sich die Strömung ab und bildet einen Überfallfreistrahl (engl. „nappe"), der beidseitig[3] vom atmosphärischen Druck ($p = 0$) begrenzt ist. Die Überstauhöhe $h_ü$ wird an einer Position $\approx 4h_ü$ oberstromig gemessen.

Im abflusskontrollierenden Querschnitt (A.K.) ist infolge der Stromlinienkrümmung und des atmosphärischen Druckes an der Kante die Druckverteilung nicht hydrostatisch und die gesamte Druckkraft, die der Strömung entgegenwirkt, reduziert, so dass sich der Abflusskoeffizient relativ zum breitkronigen Wehr etwas erhöht. Für große Wehrhöhen, $h_ü/w \to 0$, gilt $C_Q = 0{,}41$ (vgl. Gl. (3.34)). Experimentelle Untersuchungen für variable Wehrhöhen nach Rehbock[4] ergeben Abflussbeiwerte

$$C_Q = 0{,}41 + 0{,}053\frac{h_ü}{w} \qquad \text{für } \frac{h_ü}{w} < 6 \tag{3.36a}$$

[3] Voraussetzung hierfür ist aber, dass der Überfallfreistrahl an seiner Unterkante belüftet wird. Im Falle eines Wehreinbaus in einem Rechteckskanal mit konstanter Breite würde in der Rückströmzone hinter dem Wehr unmittelbar nach dem Aufprall des Strahles im Unterwasser durch Schaumbildung Luft abgesaugt werden. Dies führt zu einem Unterdruck, der wiederum die Strahlform beeinflußt. In diesem Fall muß das Wehr seitlich belüftet werden.

[4] Theodor Rehbock (1864–1950), Professor für Wasserbau, Technische Hochschule Karlsruhe

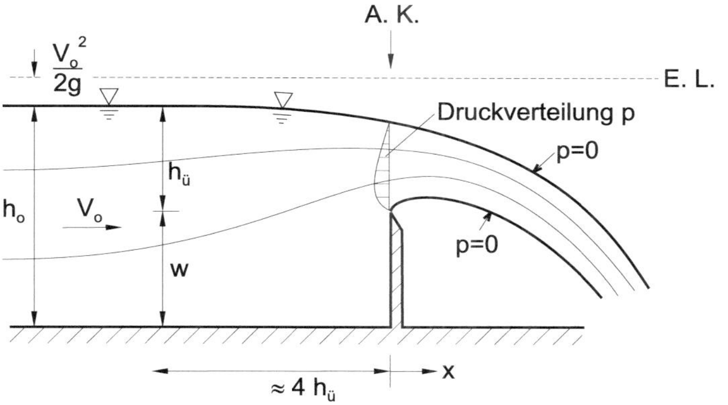

(a) Strömungsverhalten mit Stromlinienbild und Druckverteilung am Wehrquerschnitt

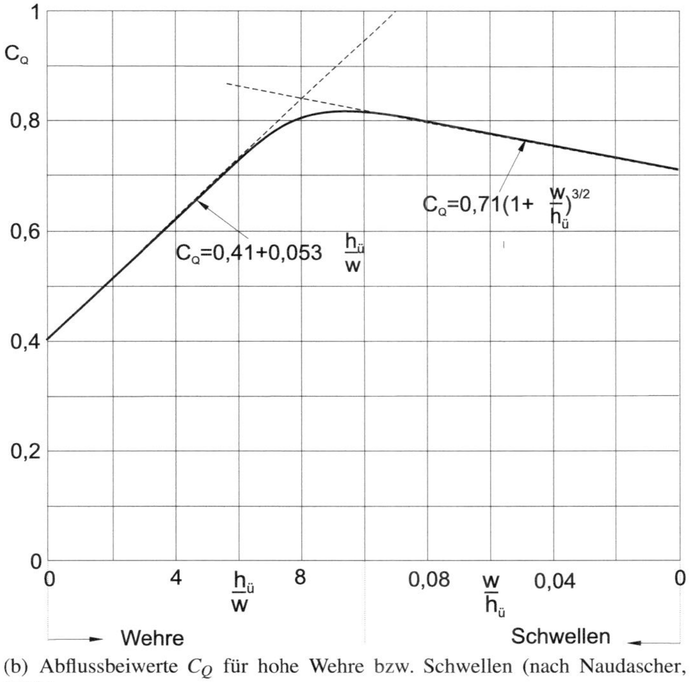

(b) Abflussbeiwerte C_Q für hohe Wehre bzw. Schwellen (nach Naudascher, 1992)

Abb. 3.11: Scharfkantiges Wehr

und für scharfkantige Schwellen (i.e. Wehre mit sehr kleinen Höhen) nach Böss[5]

$$C_Q = 0{,}71\left(1+\frac{w}{h_{ü}}\right)^{3/2} \qquad \text{für } \frac{w}{h_{ü}} < 0{,}06 \tag{3.36b}$$

die in Abb. 3.12 mit einer Übergangskurve dargestellt sind.

Rundkroniges Wehr mit Überfallrücken

Das rundkronige Wehr ist eine oft ausgeführte Bauwerksvariante für Hochwasserentlastungsanlagen von Staubecken bzw. Speichern. Die Formgebung des rundkronigen Wehres (Abb. 3.12(a)) leitet sich direkt aus der Form der Unterseite des Überfallstrahls des scharfkantigen Wehres (vgl. Abb. 3.11(a)) ab.

Zwei Strömungsbedingungen sind hier zu berücksichtigen:

1. *Bemessungsfall* $h_{üD}$: Das Wehr wird in seinen Formen und Dimensionen so angelegt, dass ein Bemessungsdurchfluss Q_D (Subskript D für engl. „design“) bei einer gewissen Überstauhöhe $h_{üD}$ abgeführt wird. Q_D ist meist durch hydrologische Bedingungen gegeben, z. B. kann es dem 100-jährlichen Hochwasserabfluss (HQ_{100}) entsprechen. Für diesen Fall gilt also Gl. (3.33) in modifizierter Form

   $$Q_D = C_{QD}\sqrt{2g}H_{üD}^{3/2}B \tag{3.37a}$$

   wobei $H_{üD}$ die gesamte Energiehöhe

   $$H_{üD} = h_{üD} + \frac{V_o^2}{2g} \tag{3.37b}$$

   und $h_{üD}$ die Überstauhöhe gemessen relativ zum erhöhten Scheitelpunkt A des Wehres (also nicht zur fiktiven Kante des zugrunde liegenden scharfkantigen Wehres) ist.

   Im Bemessungsfall wird die Wehrform entsprechend der Form des Überfallstrahls des scharfkantigen Wehrs ausgelegt, wobei die geometrischen Dimensionen von der Überstauhöhe $h_{üD}$ abhängen. Abb. 3.12(b) gibt die Abmessungen des sog. WES[6]-Profils an, das eine gute Annäherung an die Überfallstrahlunterseite darstellt. Wenn das Wehr also mit Q_D überströmt wird, so ist zu erwarten, dass die Druckverteilung entlang des konvexen Wehrrücken (bis zum Wendepunkt B, siehe Abb. 3.12(a)) etwa $p \approx 0$, d. h. dem atmosphärischen Druck entspricht. Abb. 3.13 zeigt, dass die im Laborversuch gemessenen, dimensionslosen Druckverteilungen, $p/(\gamma h_{üD})$, tatsächlich etwa gleich Null sind, eine geringe Überdruckzone an der Vorderkante ausgenommen.

[5] Paul Böss (1890–1969), Professor für Hydromechanik, Technische Hochschule Karlsruhe

[6] U.S. Waterways Experiment Station, amerikanische Bundesbehörde für Verkehrswasserbau

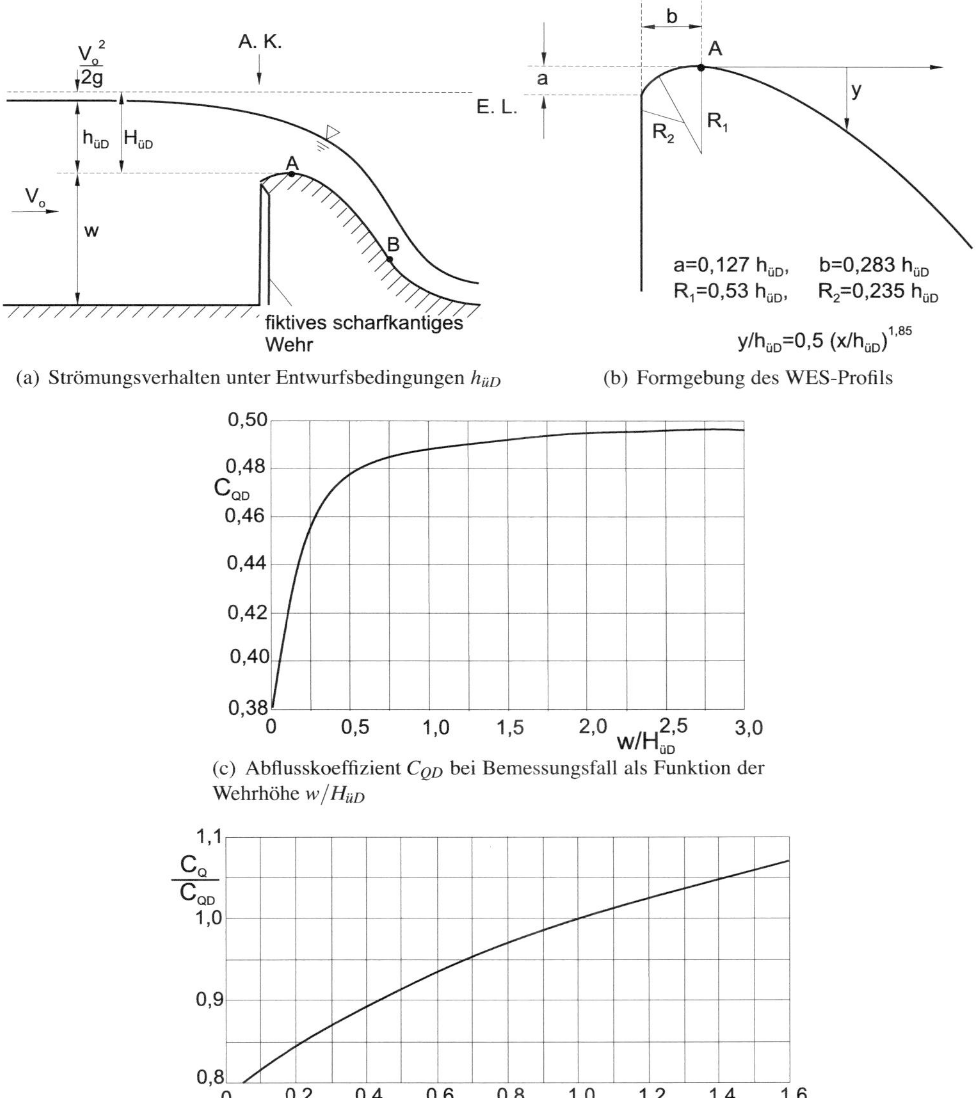

(a) Strömungsverhalten unter Entwurfsbedingungen $h_{üD}$

(b) Formgebung des WES-Profils

(c) Abflusskoeffizient C_{QD} bei Bemessungsfall als Funktion der Wehrhöhe $w/H_{üD}$

(d) Variation des Abflusskoeffizienten relativ zu Bemessungsfall

Abb. 3.12: Rundkroniges Wehr mit Überfallrücken (nach Roberson et al., 1998)

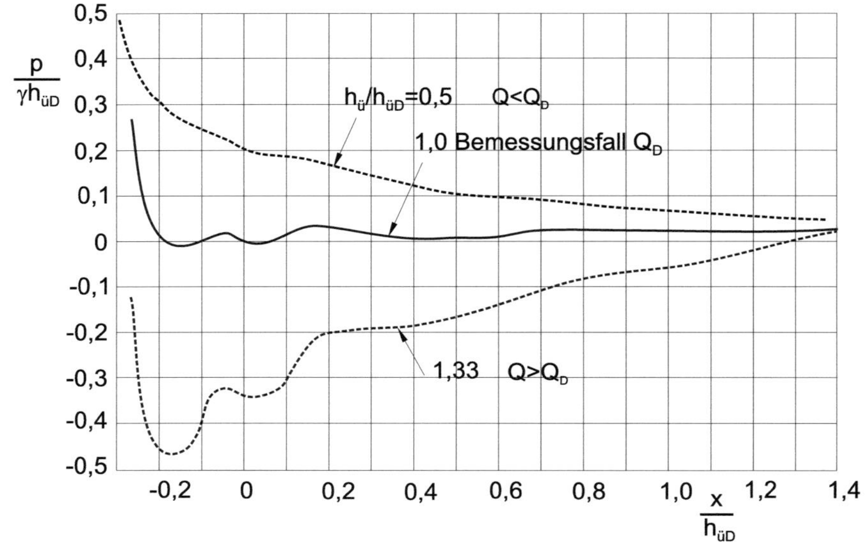

Abb. 3.13: Rundkroniges Wehr: Druckverteilung entlang des Überfallrückens für den Bemessungsfall Q_D und für Unter- $(Q < Q_D)$ bzw. Überschreitungen $(Q > Q_D)$ (nach Chow, 1959)

Der Abflusskoeffizient C_{QD} für den Bemessungsfall als Funktion der relativen Wehrhöhe $w/H_{üD}$ ist in Abb. 3.12(c) aus Laborversuchen zusammengefasst. Der Referenzwert $C_{QD} \approx 0{,}50$ gilt für hohe Wehre, $w/H_{üD} \gg 1$.

2. *Abweichungen vom Bemessungsfall, $h_ü \neq h_{üD}$:* Da der Abfluss für den Bemessungsfall in der Praxis nur sehr selten eintritt, sind meist Unterschreitungen $Q < Q_D$, also $h_ü < h_{üD}$, gegeben. In dem Zustand ist die Strahlstärke des fiktiven scharfkantigen Wehrs nur schwach, so dass das überströmende Wasser am Wehrrücken einen Druck, $p > 0$, ausübt. Dies ist in Abb. 3.13 für das Beispiel, $h_ü/h_{üD} = 0{,}5$, angedeutet. Im weniger häufigen Fall von Überschreitungen, $Q > Q_D$, ist die Situation umgekehrt: der Strahl tendiert dazu, sich vom Wehrrücken abzuheben, so dass Unterdrücke auftreten (Abb. 3.13 für das Beispiel $h_ü/h_{üD} = 1{,}33$). Bei starken Überschreitungen können die Unterdrücke so groß werden, dass Kavitation (also Dampfblasenbildung; vgl. Abschn. 1.5HM) auftritt, was in der wasserbaulichen Praxis wegen möglicher Materialschäden vermieden werden soll.

Die Variation des Abflusskoeffizienten C_Q in der Abflussgleichung $Q = C_Q\sqrt{2g}H_ü^{3/2}B$ relativ zum Bemessungsfall C_{QD} ist in Abb. 3.12(d) als Funktion der Überstauvariation $H_ü/H_{üD}$ dargestellt. Für hohe Wehre gilt natürlich $h_ü/h_{üD} \approx H_ü/H_{üD}$, da die Geschwindigkeitshöhe vernachlässigbar ist.

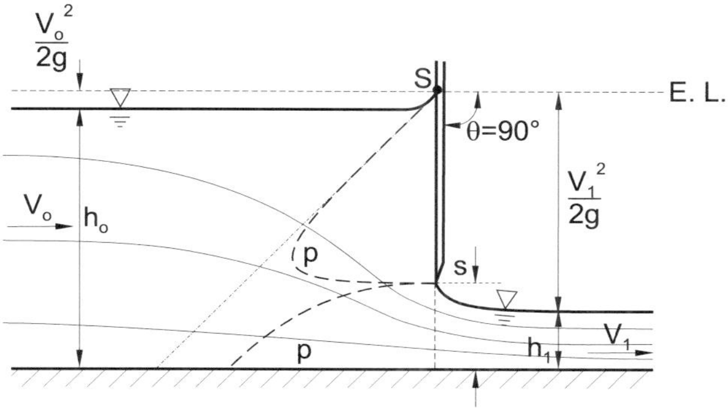

Abb. 3.14: Einfaches Schütz unter rückstaufreien Abflussverhältnissen im Unterwasser. Der Druck p im Schützquerschnitt weicht von der hydrostatischen Verteilung stark ab.

Andere Wehrtypen

Mehrere andere Wehrtypen werden in der wasserbaulichen Praxis je nach Anforderungen bzw. räumlichen Beschränkungen eingesetzt. Als Beispiele sind hier das radiale Wehr (ein trompetenförmiger Schachteinlauf mit vertikaler Achse) bzw. das Heberwehr (mit Unterdruckwirkung) erwähnt. Diese und andere Wehrtypen sowie zusätzliche Effekte, wie unterstromiger Rückstau bzw. Pfeilereinbauten oder Verengungen an der Wehrkrone werden z. B. von Chow (1959) bzw. Naudascher (1992) beschrieben.

3.3.2 Unterströmte Bauwerke: Schütze

Grundtyp: Einfaches Schütz

Ein vertikales Schütz (Abb. 3.14) mit Schützöffnung s erzeugt einen Strömungsübergang von einem Zuflussquerschnitt 0 mit strömenden zu einem Abflussquerschnitt 1 mit schießenden Bedingungen. In diesen Querschnitten herrschen jeweils parallele Strömungsverhältnisse mit hydrostatischer Druckverteilung. Im Schützbereich selbst ist die Strömung stark ungleichförmig, wie der Stromlinienverlauf in Abb. 3.14 anzeigt, und an der Schützunterkante löst sich die Strömung ab, um sich auf die Tiefe $h_1 = C_c s$ einzuengen, wobei C_c der Kontraktionskoeffizient ist. Die Druckverteilung p im Schützquerschnitt ist nicht-hydrostatisch.

Bei konstanter spezifischer Energie $E_o = E_1$ gilt

$$h_o + \frac{V_o^2}{2g} = C_c s + \frac{V_1^2}{2g}$$

so dass

$$V_1 = \sqrt{2g\left(h_o - C_c s\right) + V_o^2}$$

Mit gegebener Kanalbreite B resultiert daraus der Abfluss $Q = V_1 h_1 B = V_1 C_c s B$ als

$$Q = C_c \sqrt{1 - \frac{C_c s}{h_o} + \frac{V_o^2}{2gh_o}}\, \sqrt{2gh_o}\, sB \tag{3.38}$$

Die ersten zwei Terme auf der rechten Seite werden als der Abflusskoeffizient des Schützes C_Q zusammengefasst, so dass sich der Standardtypus der **Abflussformel für unterströmte Bauwerke (Schütze)**

$$Q = C_Q \sqrt{2gh_o} sB \tag{3.39}$$

ergibt. Der Abflusskoeffizient hängt analog zu Gl. (3.35) von diversen Einflussfaktoren ab

$$C_Q = f\left(\frac{s}{h_o}, \mathrm{Fr}_o = \frac{V_o}{\sqrt{gh_o}}, \mathrm{Form}, \mathrm{Neigungswinkel}, q, \mathrm{Re}, \mathrm{We}\right) \tag{3.40}$$

Für ein hohes Schütz, $s/h_o \to 0$ und $\mathrm{Fr}_o \to 0$, gilt der Kontraktionskoeffizient nach Kirchhoff[7]

$$C_Q = C_c = \frac{\pi}{\pi + 2} = 0{,}611 \tag{3.41}$$

als wichtigster Referenzwert für C_Q. Abb. 3.15 gibt die Variation von C_Q bzw. C_c als Funktion der relativen Schützöffnung s/h_o für freien Abfluss im Unterwasser an.

Ist das Schütz gegen die Strömungsrichtung geneigt ($\theta < 90°$), so erhöhen sich die Abflusskoeffizienten, da sich der Einschnürungseffekt im Unterwasser verringert (siehe Abb. 3.16).

Rückstaueffekt im Unterwasser: Je nach den Abströmverhältnissen unterstromig vom Schütz ist es möglich, dass ein Rückstaueffekt, gegeben durch eine Wassertiefe h_u, im Unterwasser besteht (siehe Abb. 3.17(a)). So ein Rückstaueffekt kann z. B. durch weitere Kontrolleinrichtungen bzw. durch Normalabflusstiefen im Unterwasser entstehen (siehe Kapitel 4).

Durch diesen Rückstau entsteht eine Rückströmzone unmittelbar hinter dem Schütz, die mit turbulenter Energiedissipation verbunden ist. Dieses Verhalten ist ähnlich dem des Wechselsprungs (siehe Abschn. 3.4). Als Folge dieser Dissipationseffekte sowie des erhöhten Rückstaudruckes nimmt der Abflusskoeffizient C_Q drastisch ab, wie in Abb. 3.17(b) durch Daten aus Experimenten sowie aus analytischen Berechnungen gezeigt ist.

[7]Gustac Robert Kirchhoff (1824–1887), deutscher Physiker

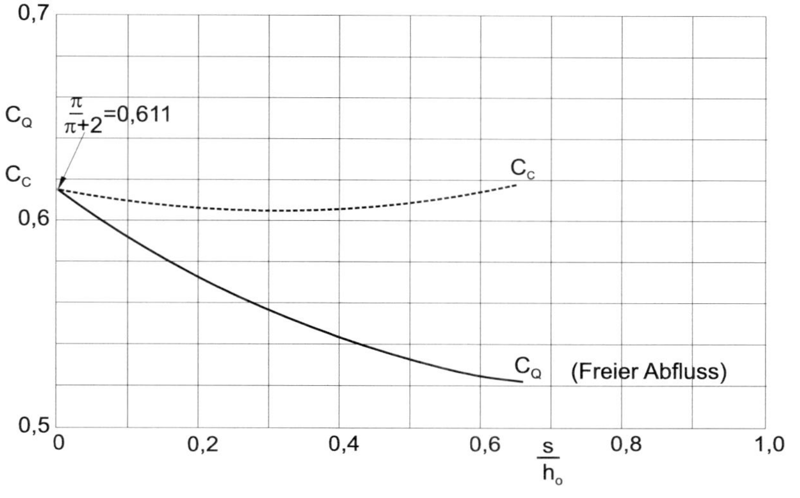

Abb. 3.15: Abfluss- bzw. Kontraktionskoeffizienten eines vertikalen Planschützes als Funktion der relativen Schützöffnung s/h_o für freien Abfluss, gültig für $Re \rightarrow \infty$ (nach Naudascher, 1992)

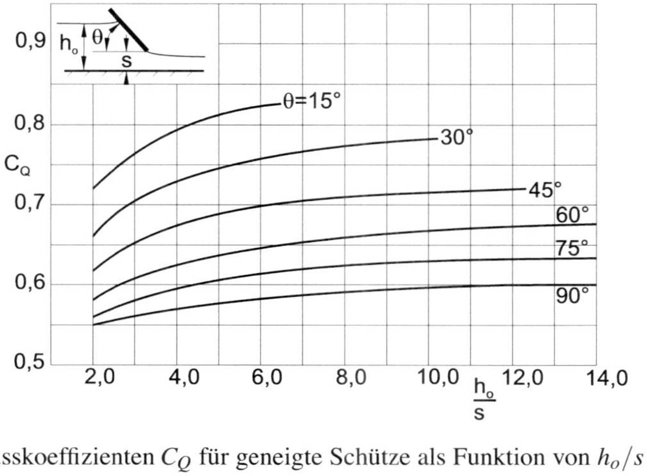

Abb. 3.16: Abflusskoeffizienten C_Q für geneigte Schütze als Funktion von h_o/s bei freiem Abfluss im Unterwasser

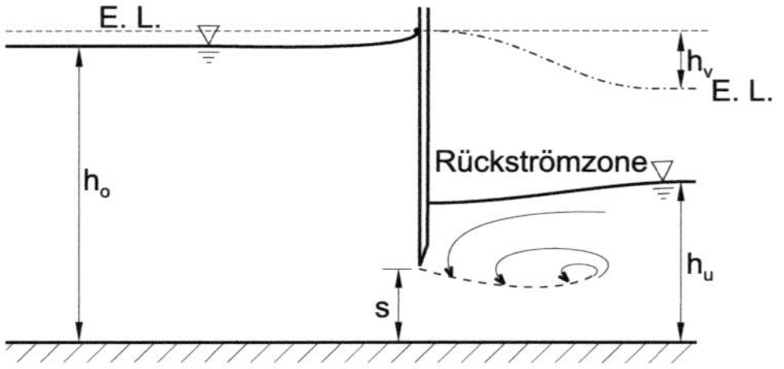

(a) Rückströmzone hinter dem Schütze mit Energiedissipation (Verlusthöhe h_v)

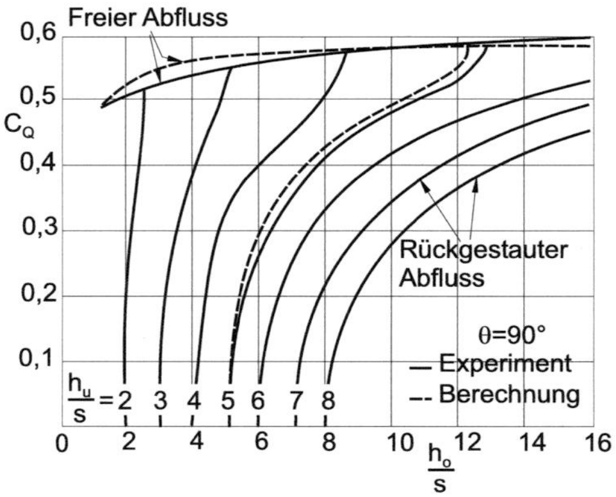

(b) Abflusskoeffizient C_Q als Funktion der Stauhöhe h_o/s im Oberwasser und der Rückströmhöhe h_u/s im Unterwasser (nach Naudascher, 1992)

Abb. 3.17: Effekt der Rückstauhöhe h_u im Unterwasser auf das Abflussverhalten eines Segmentwehres (nach Naudascher, 1992)

Segmentschütz

Eine der häufigsten Einrichtungen des Stahlwasserbaus ist das kreisförmige Segmentschütz[8] (siehe Abb. 3.18(a)), das um einen Lagerpunkt drehbar ist und in der Praxis zur Abflusskontrolle eingesetzt wird. Die wesentlichen geometrischen Kenngrößen sind der Radius r, die Lagerhöhe a bzw. der Winkel der Abströmkante θ.

Bei freiem Abfluss im Unterwasser ist der Abflusskoeffizient vorwiegend vom Abströmwinkel θ beeinflusst, der mit r bzw. a im Verhältnis steht (siehe Abb. 3.18). Dieses Verhalten ist analog zu dem des ebenen (Plan-) Schützes (siehe Abb. 3.17).

Bei rückgestautem Abfluss im Unterwasser tritt die Rückstautiefe h_u als zusätzlicher Parameter auf, wie in Abb. 3.18(c) dargestellt ist, wobei alle Einflussgrößen mit dem Radius r normiert sind. Der Effekt der zunehmenden Lagerhöhe a/r entspricht hier einem abnehmenden Winkel θ.

Zusätzliche Effekte, wie etwa gleichzeitige Über- und Unterströmung eines Segmentschützes, bzw. andere Schütztypen werden in Preißler und Bollrich (1985) bzw. in Naudascher (1992) angesprochen.

---

[8] Da das Segmentschütz oft auch bei Überströmungen eingesetzt oder auf Wehrkronen aufgesetzt wird, ist auch die Bezeichnung „Segmentwehr“ (auch „Radialwehr“) üblich. Die englische Bezeichnung ist Tainter gate nach dem US-amerikanischen Ingenieur Jeremiah Tainter (1836-1920).

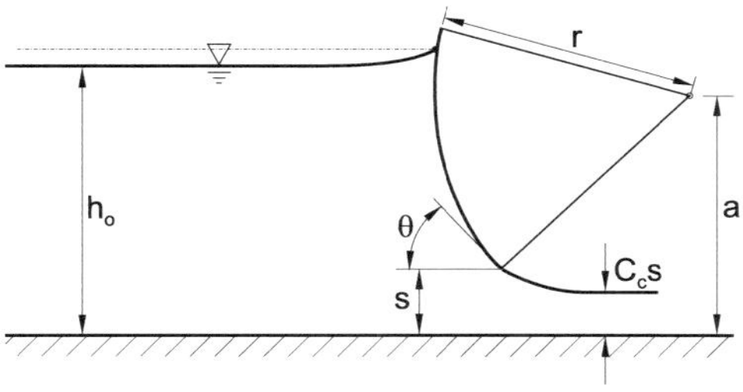

(a) Definitionsskizze für freien Abfluss im Unterwasser

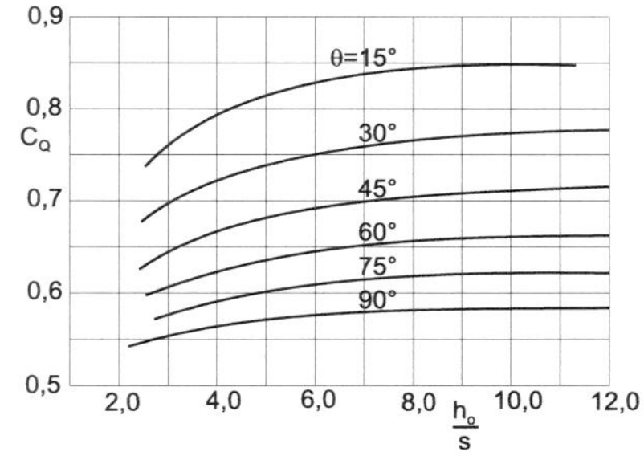

(b) Abflusskoeffizient C_Q bei freiem Abfluss als Funktion des Abströmwinkels θ und der Anströmtiefe h_o/s

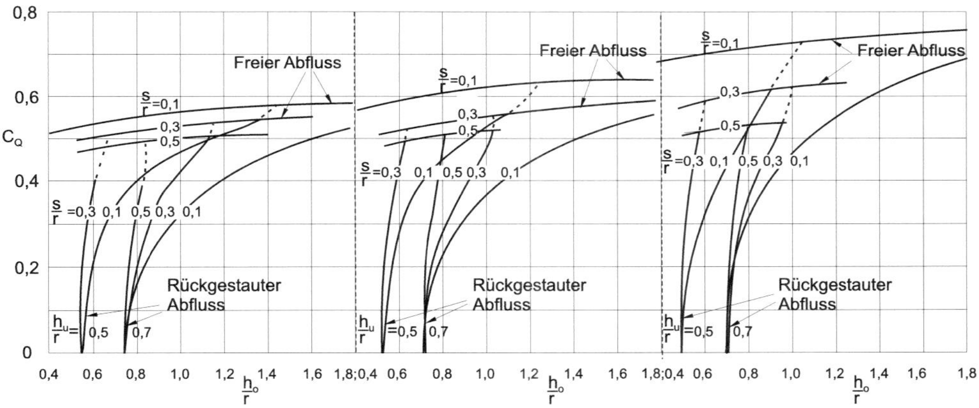

(i) $\frac{a}{r}=0{,}1$ (ii) $\frac{a}{r}=0{,}5$ (iii) $\frac{a}{r}=0{,}9$

(c) Abflusskoeffizient C_Q als Funktion der Schützöffnung s/r und der Rückstauhöhe h_u/r für drei Werte der Lagerhöhe $a/r = 0{,}1; 0{,}5$ bzw. $0{,}9$

Abb. 3.18: Effekt der Rückstauhöhe h_u im Unterwasser auf das Abflussverhalten eines Segmentschützes (nach Naudascher, 1992)

3.3.3 Durchströmte Bauwerke

Hierzu gehören Öffnungen, wie Düsen oder Blenden, die in einem festen Wehrkörper eingebaut sind. Ihr Ausflussverhalten entspricht dem aus einem Gefäß, d. h. mit etwaigen Einschnüreffekten.

Ein wichtiges Kontroll- bzw. Messprinzip ist eine Verengung – eine so genannte „Venturi[9]-Strecke" – die in einem Kanal installiert wird, um einen Fließwechsel von Strömen zu Schießen zu erreichen. Auf diesem Prinzip beruht die „Parshall[10]-Flume", die in normierter Form weltweit zur Durchflussmessung bei Bewässerungsprojekten standardmäßig eingesetzt wird. Abb. 3.19 zeigt das Verengungsbauwerk (Rechteckquerschnitt), das in einem trapezförmigen Kanalquerschnitt (typisch für Bewässerungssysteme) eingebaut wird. Alle Abmessungen (siehe Größen $A, B, C ...$ in Abb. 3.19) sind relativ zur Einengungsbreite W („width") normiert. Der Wasserstand H_o wird in einem seitlich angebrachten Messpegel beobachtet. Der Durchfluss Q ergibt sich aus dieser Messung durch die Abflussformel

$$Q = C_Q \sqrt{2g} H_o^{3/2} W \tag{3.42}$$

d. h. in einer Form ähnlich zum Typus der Gl. (3.33), was dem Kontrollquerschnitt mit Strömungsübergang entspricht. Die besondere Formgebung bei der Parshall-Flume ermöglicht hier einen Fließwechsel bei nur geringen Höhenänderungen in der Kanalsohle, ein Aspekt der bei Bewässerungskanälen in flachen Gelände wichtig ist. Abb. 3.19(c) gibt den Abflusskoeffizienten C_Q als Funktion der Ablesung H_o/W im Messpegel.

3.4 Energiedissipation

Die Anwendungen in Abschn. 3.2 haben gezeigt, dass Gerinneströmungen einen glatten, allmählichen Übergang vom unter- zum überkritischen Abfluss (d. h. vom Strömen zum Schießen) haben können. Sie verhalten sich dabei annähernd reibungsfrei, da sich die Strömung beschleunigt.

Umgekehrt aber ist der Übergang vom über- zum unterkritischen Abfluss, d. h. von kleinerer zu größerer Tiefe, praktisch immer abrupt in Form eines Wechselsprungs, auch Wassersprung (engl. „hydraulic jump") genannt, der mit erheblichen Energieverlusten verbunden ist. Abb. 3.20 zeigt das Beispiel eines Wechselsprungs, wie er unterstrom eines Wehres auftreten kann. Die Tiefe h_1 an der Basis des Wehres entspricht hier der überkritischen Anströmung, so wie im vorigen Abschnitt betrachtet. Die größere unterkritische Tiefe h_2 dagegen ist von weiter stromabwärts beeinflusst, z. B. durch weitere Kontrolleinrichtungen oder durch die Reibung im Gerinne (Normalabfluss, siehe Kapitel 4).

[9] Giovanni Battista Venturi (1746–1822), italienischer Physiker
[10] Ralph Leroy Parshall (1881–1960), US-amerikanischer Wasserbauingenieur

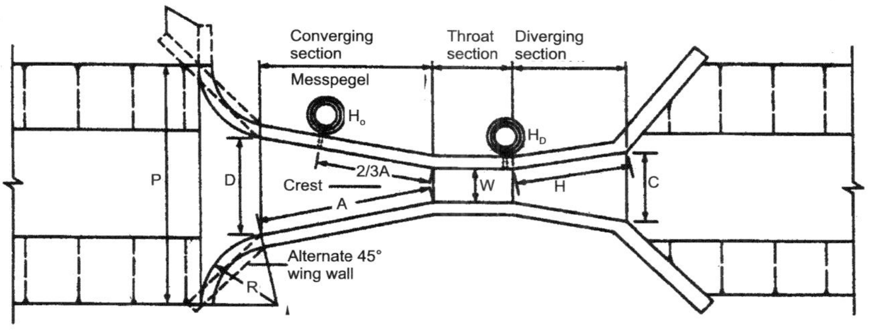

(a) Draufsicht

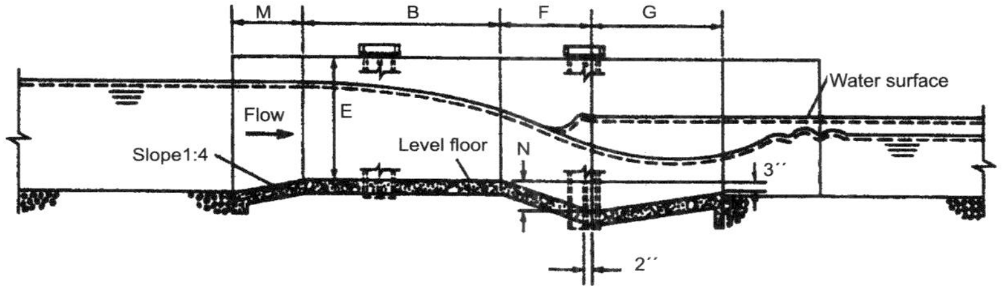

(b) Längsschnitt

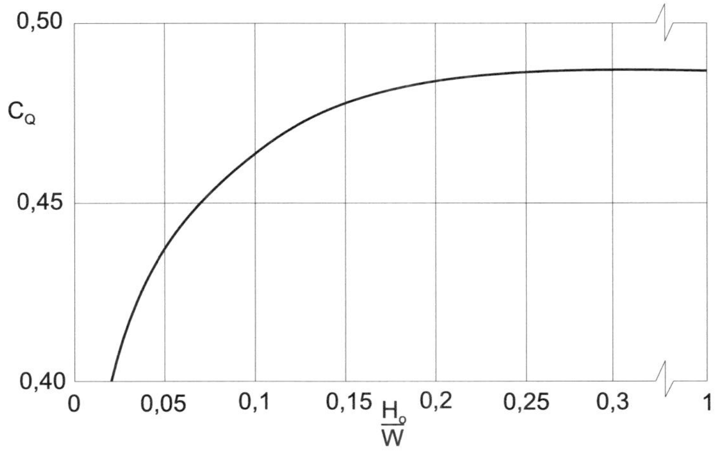

(c) Abflusskoeffizient C_Q als Funktion der Höhe H_o/W im Messpegel

Abb. 3.19: Parshall-Flume in einem trapezförmigen Kanal. Alle Dimensionen sind relativ zur Einengungsbreite W normiert (nach Roberson et al., 1998)

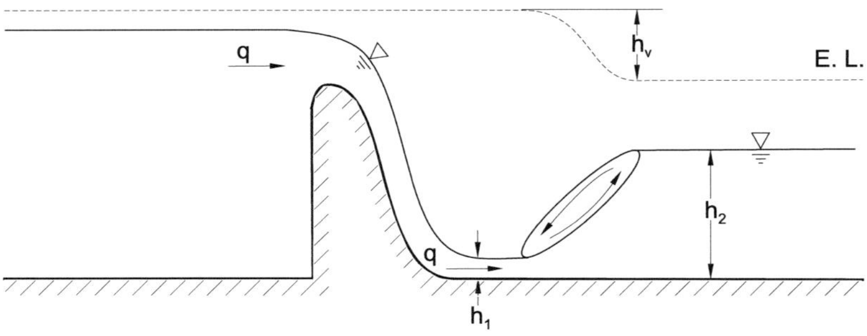

Abb. 3.20: Wechselsprung am Fuße eines Wehres

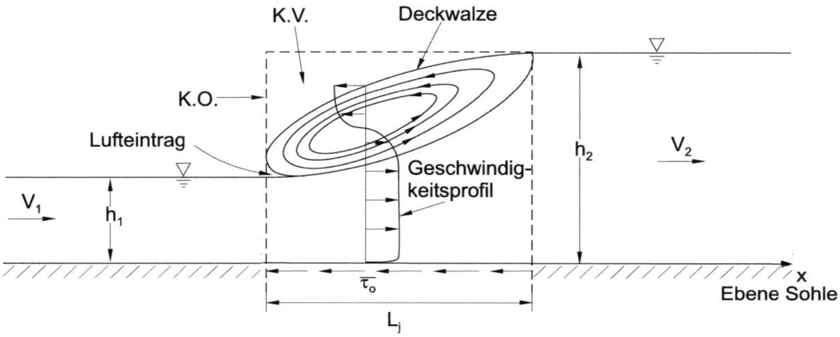

Abb. 3.21: Kontrollvolumen zur Analyse des Wechselsprungs in einem Gerinne mit konstanter Breite und ebener Sohle

3.4.1 Wechselsprung

Im Wechselsprung herrscht ein adversaler Druckgradient, $dp/dx > 0$, der zu einer Verzögerung und Aufweitung des Strömungsprofils führt, wie in Abb. 3.21 dargestellt. Als Folge davon entsteht eine Rückströmung in Form einer „Deckwalze" an der Oberseite des Wechselsprungs. Turbulenzerzeugung und Energiedissipation finden dabei statt. Die Deckwalze ist des Weiteren durch Lufteintrag an ihrem oberstromigen Ende, und dadurch Blasen- und Schaumbildung, gekennzeichnet.

Zur Analyse des Wechselsprungs kann demnach das spezifische Energiekonzept nicht verwendet werden, da die Energieverluste wesentlich und a priori unbekannt sind. Dagegen ist die Impulsgleichung anwendbar, da alle Krafteinwirkungen auf ein K.V., das den Wechselsprung beinhaltet, bekannt oder gut abschätzbar sind. Abb. 3.21 zeigt einen Wechselsprung mit konstanter Breite und auf ebener Sohle. Die Anströmbedingungen mit spezifischem Abfluss q, Tiefe h_1 und Geschwindigkeit V_1 sind bekannt. Der Wechselsprung hat eine Länge L_j, über welche die mittleren Sohlschubspannungen $\overline{\tau_o}$ auftreten. Anwendung der Impulsgleichung (4.32aHM) in der Strömungsrichtung x für die stationäre Strömung führt zu

$$\gamma\frac{h_1^2}{2}-\gamma\frac{h_2^2}{2}-\overline{\tau_o}L_j=\rho q\left(V_2-V_1\right) \tag{3.43}$$

Für kurze Distanzen, wie sie beim Wechselsprung typisch sind, ist die Schubspannungskraft $\overline{\tau_o}L_j$ im Vergleich zu den hydrostatischen Druckkräften vernachlässigbar, $\overline{\tau_o}L_j \to 0$.

Wird die Kontinuitätsgleichung

$$q=V_1h_1=V_2h_2 \tag{3.44}$$

in Gl. (3.43) eingesetzt, so erhält man nach einiger Umformung die unterstromige Tiefe h_2, d. h. die Wechselsprunggleichung

$$h_2=\frac{h_1}{2}\left(\sqrt{1+8\mathrm{Fr}_1^2}-1\right) \qquad \text{Hinweis: } h_1=\frac{h_2}{2}\left(\sqrt{1+8\mathrm{Fr}_2^2}-1\right) \tag{3.45}$$

wobei Fr_1 die gegebene Froudezahl der überkritischen Anströmung ist,

$$\mathrm{Fr}_1=\frac{q}{\sqrt{gh_1^3}}>1. \tag{3.46}$$

Die zwei der Impulsgleichung entsprechenden Tiefen h_1 und h_2 werden **konjugierte Tiefen** genannt.

Mit der nun bekannten Lösung für die Tiefe h_2 und die Geschwindigkeit $V_2=q/h_2$ kann die Arbeits-Energie-Gleichung (3.4a) verwendet werden (mit ebener Sohle $z_1=z_2$), um die Energieverlusthöhe im Wechselsprung

$$h_v=\frac{\left(h_2-h_1\right)^3}{4h_1h_2} \tag{3.47}$$

zu berechnen.

Abb. 3.22 zeigt Gl. (3.45) bzw. Gl. (3.47) in dimensionsloser Darstellung, mit der Anströmenergiehöhe, $E_1=h_1+V_1^2/2g$, normiert. Darin ist zu sehen, dass mit zunehmender Froudezahl Fr_1 des Wechselsprunges die Sprungstärke h_2/h_1 und die Energiedissipation zunehmen. So existiert z. B. bei $\mathrm{Fr}_1=10$ ein starker Wechselsprung, $h_2/h_1\approx 14$, und etwa 75% der Anströmenergie werden im Wechselsprung dissipiert. Diese Eigenschaft wird oft bewusst im Wasserbau eingesetzt, um etwa bei Hochwasserentlastungsanlagen hinter Wehren oder Staudämmen die Strömungsenergie zu vermindern und Sohlenerosion stromab zu vermeiden.

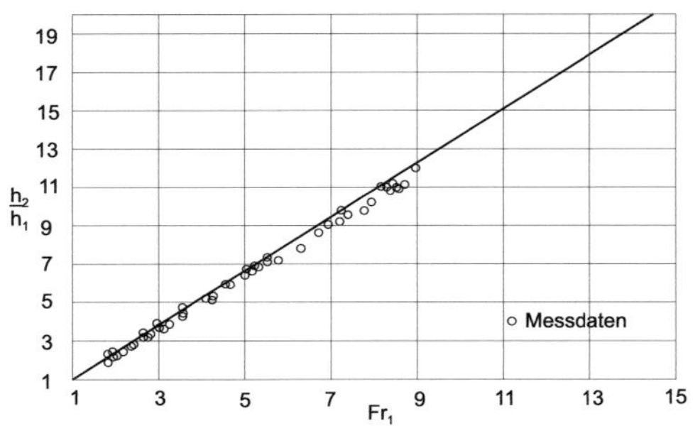

(a) Relative Wechselsprungstärke, h_2/h_1

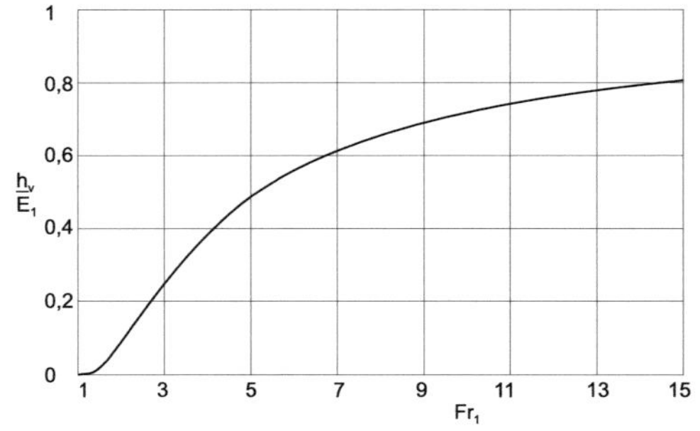

(b) Relative Energieverlusthöhe, h_v/E_1

Abb. 3.22: Eigenschaften des Wechselsprungs als Funktion der Froudezahl Fr_1 der Zuströmung

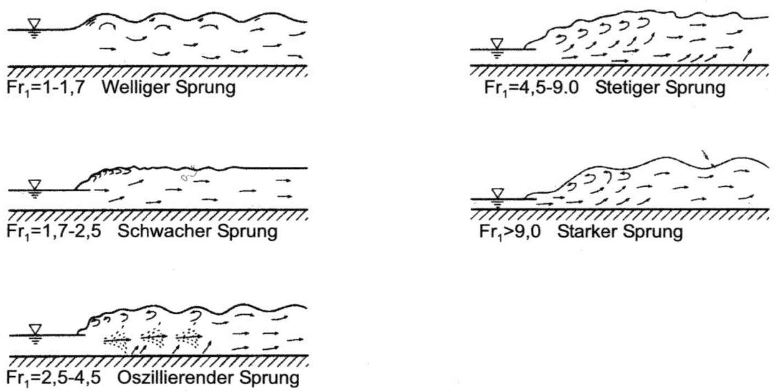

Abb. 3.23: Wechselsprungausbildung bei verschiedenen Froudezahlen der Anströmung (nach Chow, 1959)

Die Länge L_j und Form des Wechselsprungs kann aus einfachen Analysen nicht ermittelt werden. Experimentelle Untersuchungen zeigen für ebene Sohlen

$$\frac{L_j}{h_2} \approx 6{,}1 \tag{3.48}$$

Des weiteren sind Wechselsprünge je nach der Anström-Froudezahl Fr_1 mit mehr oder weniger Wellenbildung bzw. Oszillationen verbunden, wie in Abb. 3.23 skizziert ist.

Bei Wechselsprüngen auf **geneigter Sohle** (Sohlneigung I_o) ist die Analyse mit dem Impulssatz ebenfalls erschwert, da die zusätzliche Gewichtskomponente aufgrund des Volumens im Wechselsprung nicht bekannt ist. Resultate aus experimentellen Untersuchungen (Abb. 3.24) zeigen eine zunehmende Sprungstärke h_2/h_1 bei zunehmendem Gefälle I_o und gegebener Froudezahl

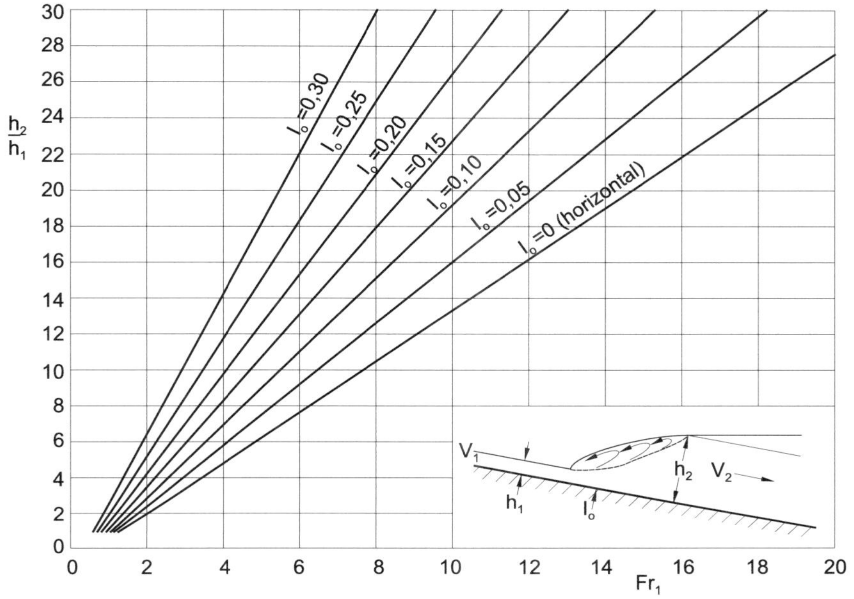

Abb. 3.24: Wechselsprungstärke h_2/h_1 im geneigten Gerinne mit Sohlneigung I_o (nach Roberson et al., 1998)

Fr_1. Auch die Wechselsprunglänge nimmt zu

$$\frac{L_j}{h_2} = 6{,}1 + 4{,}0 I_o \tag{3.49}$$

in Erweiterung zu Gl. (3.48).

3.4.2 Tosbecken

Tosbecken sind bauliche Einrichtungen, typischerweise am Fuße eines Wehres bzw. Überfallrückens (siehe Abb. 3.20) angeordnet, die folgende Zwecke erfüllen:

- Stabilisierung des Wechselsprungs an einem Ort, da sonst bei wechselnden Rückstaubedingungen im Unterwasser die Position des Wechselsprungs variieren kann.
- Zusätzliche Energiedissipation durch Bauelemente wie Prallböcke (engl. „chute blocks") und Schwellen (engl. „sills")
- Schutz der Gerinnesohle gegen Erosion und Kolkbildung

Es gibt viele bautechnische Möglichkeiten, um Tosbecken für diese Zwecke optimal zu gestalten. Im modernen Wasserbau werden oft die „USBR[11]-Tosbecken" mit verschiedenen Typen eingesetzt, die aufgrund von umfangreichen Modelluntersuchungen entwickelt wurden. Abb. 3.25 zeigt a) Typ II und b) Typ III der USBR-Tosbecken. Die detaillierten Abmessungen $d_1, d_2, \ldots$ der Prallböcke bzw. Endschwellen sind jeweils mit den Wassertiefen h_1 im Zustrom bzw. h_2 im Abstrom nach dem Wechselsprung verknüpft. Als Folge dieser Einbauten kann die Länge der Tosbecken L_{II} bzw. L_{III} wesentlich kürzer als die übliche Wassersprunglänge L_j gehalten werden (siehe Abb. 3.25(d)).

Bei Trog-Tosbecken (Abb. 3.26) wird eine Rundung am Fuße des Überfallrückens eingesetzt, die der Strömung eine Aufwärtskomponente verleiht, um zusätzliche Dissipation zu erreichen. Dabei können auch Zahnschwellen (Abb. 3.26(b)) installiert werden.

3.4.3 Andere Dissipationseinrichtungen

Im so genannten „ski jump spillway" (Abb. 3.27) wird durch einen sprungschanzenförmigen Einbau in den Überfallrücken (engl. „spillway") ein Freistrahl erzeugt, der in der Luft mehr oder weniger aufsprüht und im weiteren Verlauf nach Aufprall an der Sohle seine Energie dissipiert.

Bei einer treppenförmigen Ausgestaltung des Überfallrückens („stepped spillway") findet die Energiedissipation verteilt auf dem Überfallrücken statt (Abb. 3.28). Je nach Durchflussrate bzw. Neigung können sich hier zwei Strömungstypen einstellen: a) „Nappe flow" als Sequenz von Einzelsohlabstürzen, und b) „Skimming flow" mit Rezirkulationszonen in den Stufenecken. Da solche Lösungen den Verhältnissen in natürlichen steilen Gerinnen (z. B. Wildbäche) ähneln, werden sie vermehrt im modernen, ökologisch orientierten Wasserbau eingesetzt (siehe u. a. Vischer und Hager, 1999).

3.5 Schussrinnen

Schussrinnen (engl. „chutes") sind steile Gerinne, in denen die Strömung mit hoher Geschwindigkeit durchgehend im schießenden (überkritischen) Abflusszustand stattfindet. Sie werden bei Hochwasserentlastungsanlagen über oder neben Dämmen, bei Stadtentwässerungen mit hohem Gefälle bzw. bei der Leitung von Gebirgsbächen durch besiedelte Gebiete eingesetzt.

Typisch für Strömungen in Schussrinnen sind laterale Wellenfronten, in Form von Störwellen, die bei Querschnitts- bzw. Richtungsänderungen auftreten. Abb. 3.29(a) zeigt das Prinzip einer Störwelle, die von einem kleinen Hindernis (Störelement) an der Gerinneberandung erzeugt

[11] U.S. Bureau of Reclamation, amerikanische Bundesbehörde für Wasserwirtschaft

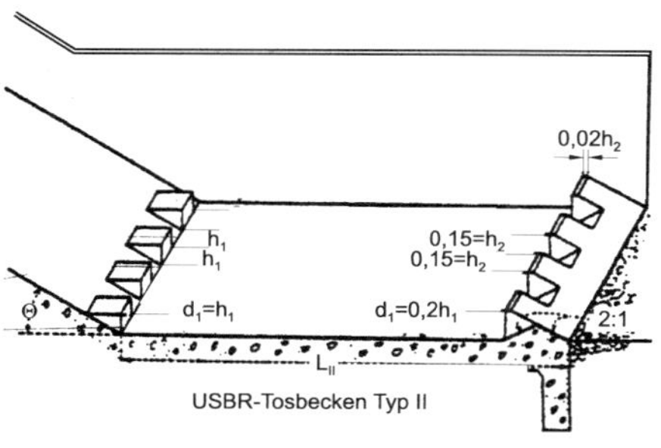

(a) USBR-Tosbecken Typ II

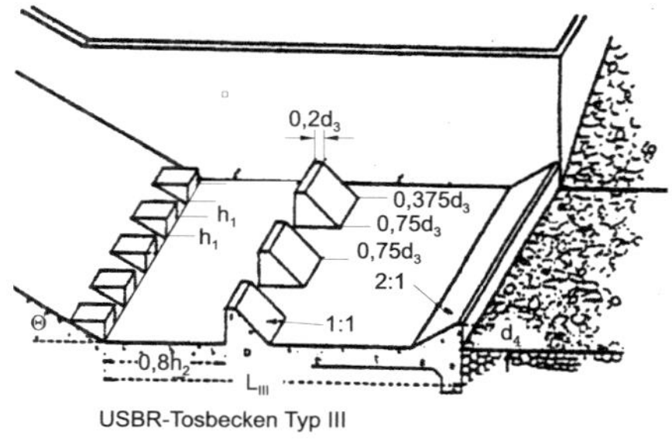

(b) USBR-Tosbecken Typ III

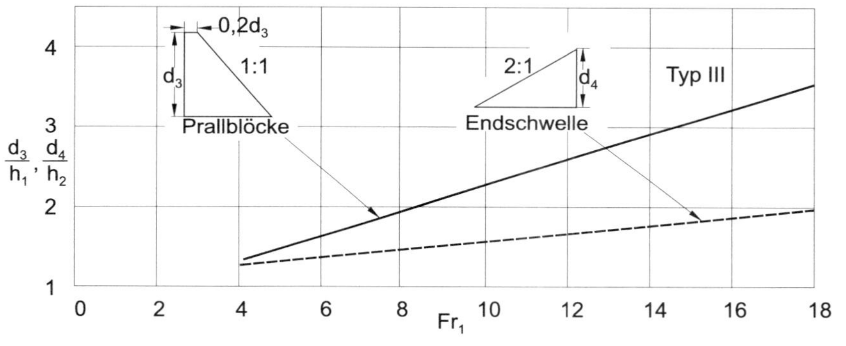

(c)

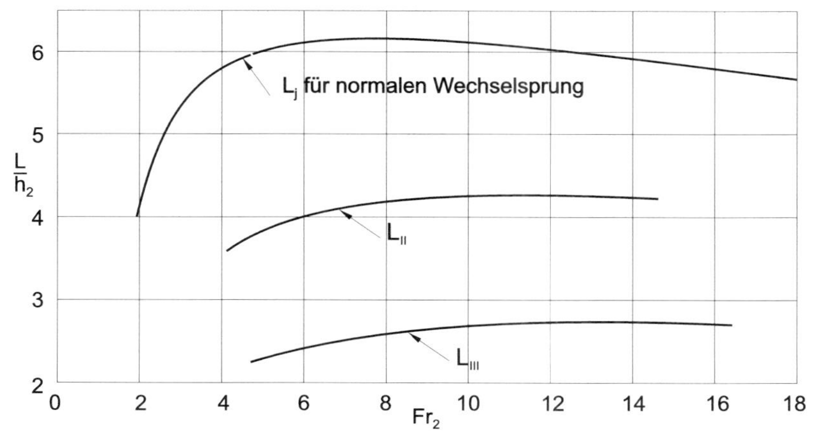

(d)

Abb. 3.25: Perspektivische Ansichten und Abmessungen für zwei Typen der USBR-Tosbecken (nach Naudascher, 1992)

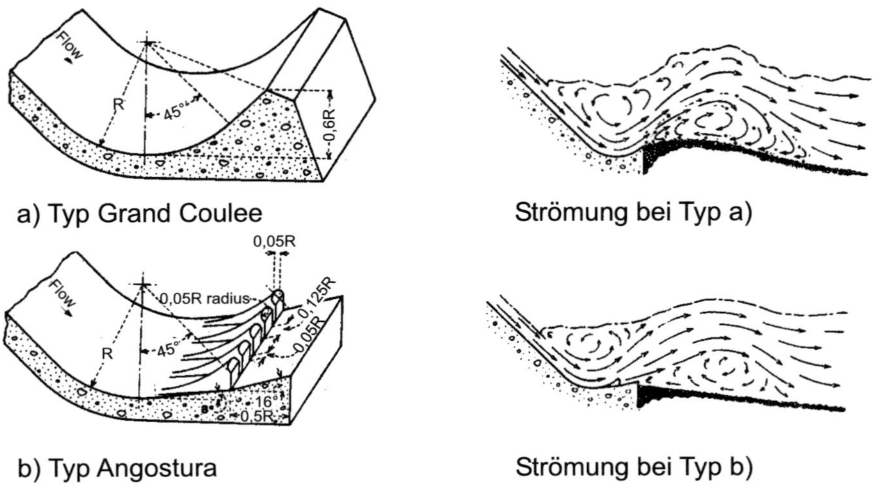

Abb. 3.26: Gestaltung und Strömungsverhalten Trog-Tosbecken (nach Naudascher, 1992)

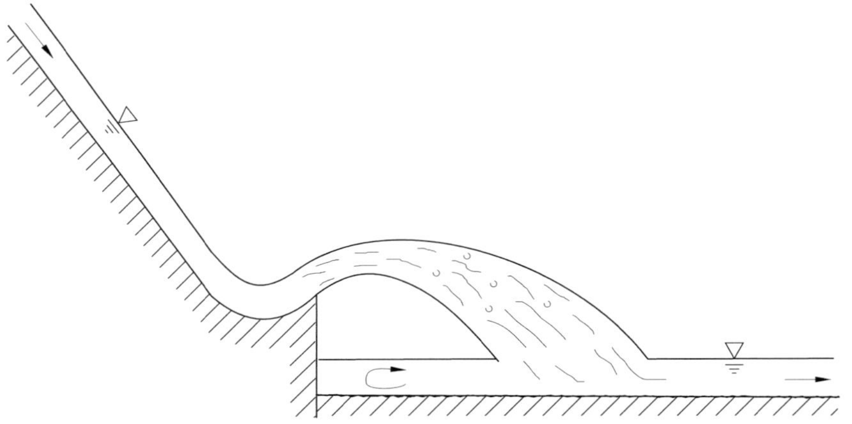

Abb. 3.27: „Ski jump spillway" mit Dissipation im Freistrahl

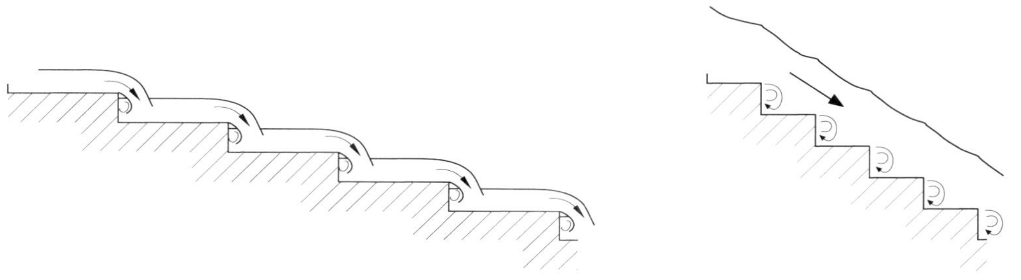

(a) „Nappe flow“ (b) „Skimming flow“

Abb. 3.28: Treppenförmige Überfallrücken zur Energiedissipation (nach Vischer und Hager, 1999)

wird. Das Hindernis erzeugt eine Serie von Wellenfronten, die sich mit der Fortpflanzungsgeschwindigkeit c, Gl. (1.6), in der Strömung ausbreiten, während sie gleichzeitig mit der Strömungsgeschwindigkeit V stromabwärts getragen werden. Die Umhüllende ergibt die Störwelle, die durch den Störungswinkel β

$$\sin\beta = \frac{c\,t}{V\,t} = \frac{c}{V} \tag{3.50a}$$

gekennzeichnet ist. Da die Strömung überkritisch ist, $V > c$, also $\mathrm{Fr} = V/c > 1$, ist der Störungswinkel

$$\beta = \arcsin\left(\frac{1}{\mathrm{Fr}}\right) \tag{3.50b}$$

kleiner als 90°.

Ist das Störelement klein, so ist auch die Wassertiefenänderung in der Störwelle klein. Bei allmählichen Berandungsänderungen werden eine Serie von Störwellen von den Berandungselementen erzeugt, die dann auch eine Änderung der Strömungsrichtung, also Brechung der Stromlinien, hervorruft. Bei einer konkaven Berandung entstehen hier positive Störwellen (Abb. 3.29(b)) und einer konvexen Berandung negative (Abb. 3.29(c)). In Analogie zu Gasströmungen im Überschallbereich werden diese auch „Verdichtungs-“ bzw. „Expansionswellen“ genannt (Analogie von Froudezahl zu Machzahl).

3.5.1 Abrupte Berandungsänderungen

Ist die konkave Richtungsänderung der Berandung plötzlich um einen finiten Winkel θ (Abb. 3.30(a)), so führt die Störung zu einer beträchtlichen Änderung der Wassertiefe, es entsteht eine „Stoßwelle“ (Abb. 3.30(c)). Zur Ermittlung des Störungswinkels β_1 der Stoßwelle

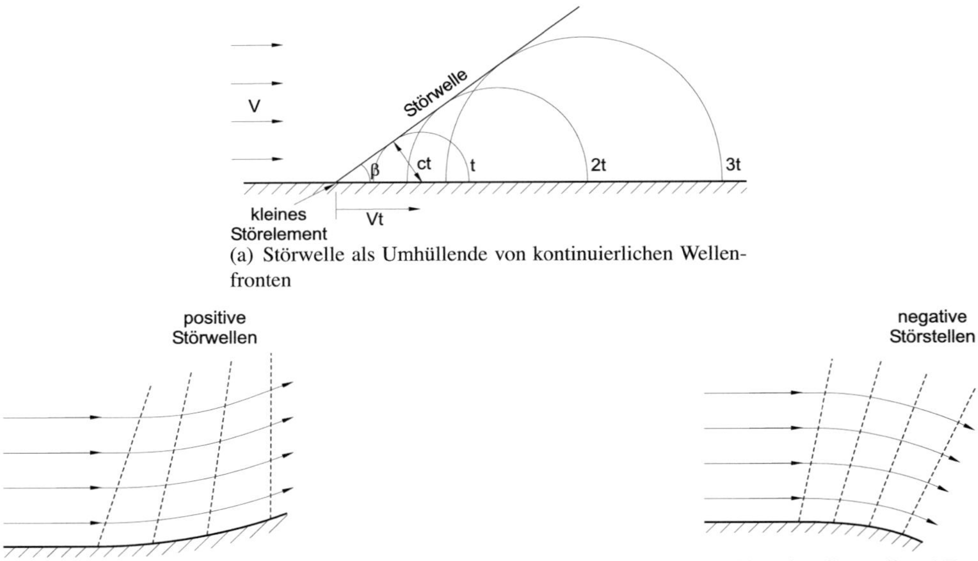

(a) Störwelle als Umhüllende von kontinuierlichen Wellenfronten

(b) Positive Störwellen („Verdichtungswellen“) an konkaver Berandung

(c) Negative Störwellen („Expansionswellen“) an konvexer Berandung

Abb. 3.29: Entstehung von Störwellen an der Berandung von Schussrinnen

sowie der Abströmverhältnisse V_2 und h_2 bei gegebener Zuströmung V_1 und h_1 werden zuerst die Komponenten der Geschwindigkeiten normal und tangential zur Stoßwelle bestimmt (Abb. 3.30(b))

$$\begin{aligned} V_{1n} &= V_1 \sin\beta_1 \quad & V_{2n} &= V_2 \sin(\beta_1 - \theta) \\ V_{1t} &= V_1 \cos\beta_1 \quad & V_{2t} &= V_2 \cos(\beta_1 - \theta) \end{aligned} \tag{3.51}$$

Für ein K.V., das normal zur Stoßwelle liegt und Einheitsbreite hat, gelten die Kontinuitätsgleichung

$$V_{1n} h_1 = V_{2n} h_2 = q_n \tag{3.52}$$

sowie die Impulsgleichungen unter Annahme einer lokal horizontalen Sohle sowie Vernachlässigung der Bodenreibung

$$\gamma \frac{h_1^2}{2} - \gamma \frac{h_2^2}{2} = \rho q_n (V_{2n} - V_{1n}) \tag{3.53a}$$

in normaler Richtung, bzw.

$$V_{1t} = V_{2t} \tag{3.53b}$$

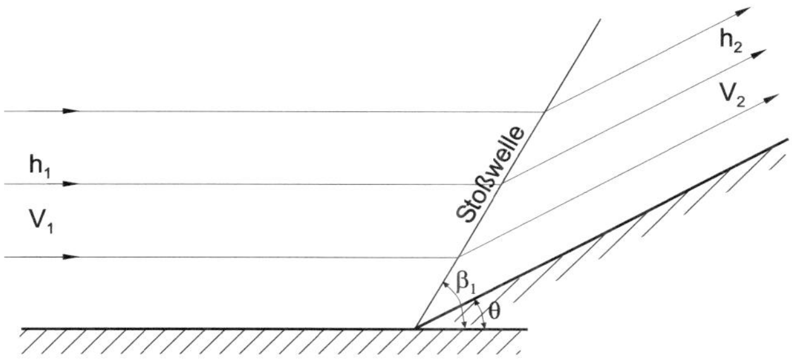

(a) Finite Richtungsänderung um Winkel θ

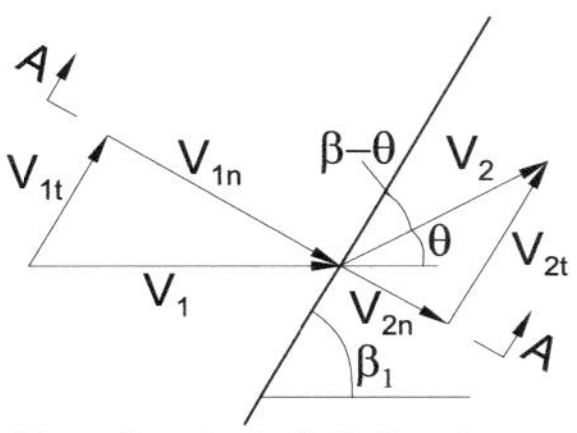

(b) Geschwindigkeitsvektoren an Stoßwellenfront

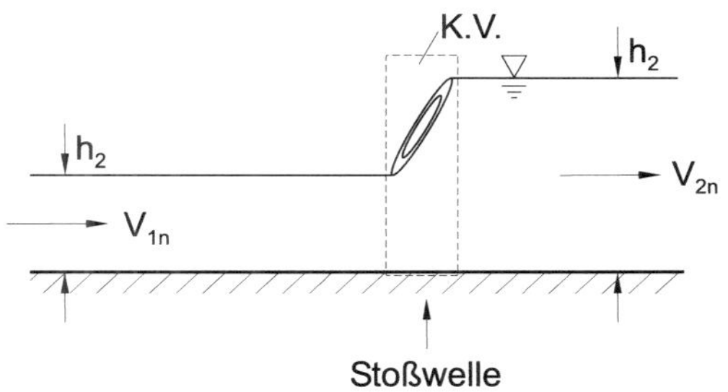

(c) Schnitt A–A normal zur Stoßwellenfront

Abb. 3.30: Stoßwelle durch plötzliche Berandungsabwinkelung

in tangentialer Richtung.

Aus Gl. (3.52) und (3.53a) ergibt sich

$$\frac{h_2}{h_1} = \frac{1}{2}\left(\sqrt{1+8\mathrm{Fr}_1^2 \sin^2\beta_1} - 1\right) \tag{3.54}$$

wobei $\mathrm{Fr}_1 = V_1/\sqrt{gh_1}$ die gegebene Froude-Zahl der Anströmung ist. Ein Vergleich zu Gl. (3.45) zeigt, dass dies eine modifizierte Wechselsprunggleichung darstellt. Die Stoßwelle entspricht also einem Wassersprung mit schräger Wellenfront, die unterstromigen Fließbedingungen können aber generell weiter überkritisch verlaufen.

Aus Gl. (3.52) und (3.53b) resultiert

$$\frac{h_1}{h_2} = V_{1n}/V_{2n} = \frac{V_{1n}}{V_{1t}}\Big/\frac{V_{2n}}{V_{2t}} = \frac{\tan\beta_1}{\tan(\beta_1-\theta)} \tag{3.55}$$

Die Beziehung zwischen dem Winkel der Stoßwelle β_1 sowie dem gegebenen Richtungswinkel θ und Froudezahl Fr_1 kann aus Gl. (3.54) und (3.55) in impliziter Form

$$\tan\theta = \frac{\tan\beta_1\left(\sqrt{1+8\mathrm{Fr}_1^2\sin^2\beta_1}-3\right)}{2\tan^2\beta_1+\sqrt{1+8\mathrm{Fr}_1^2\sin^2\beta_1}-1} \tag{3.56}$$

und schließlich auch die Froudezahl $\mathrm{Fr}_2 = V_2/\sqrt{gh_2}$ der Abströmung

$$\mathrm{Fr}_2^2 = \frac{h_1}{h_2}\left[\mathrm{Fr}_1^2 + \frac{1}{2}\left(\frac{h_1}{h_2}-1\right)\left(\frac{h_2}{h_1}+1\right)^2\right] \tag{3.57}$$

ermittelt werden. Die Lösungsgleichungen (3.54) bis (3.57) sind in Abb. 3.31 grafisch dargestellt.

Das Diagramm Abb. 3.31 kann zur Bemessung von einigen praktischen Anwendungen, die in Abb. 3.32 skizziert sind, verwendet werden. Dabei ist zu beachten, dass die Schussrinnengeometrie nur für einen bestimmten Bemessungsfall, gegeben durch Fr_1, festgelegt werden kann. In dem Fall ist die Geometrie so gewählt, dass die Stoßwelle genau auf die Kante der gegenüberliegenden Berandung trifft. Dadurch wird erreicht, dass die negativen Störwellen, die normalerweise von einer konvexen Kante erzeugt werden, genau den Betrag der positiven Stoßwelle annullieren, so dass die Abströmung im Prinzip völlig gleichmäßig verläuft.

Weicht die Schussrinnenströmung vom Bemessungsfall ab, so werden die Stoßwellen von den gegenüberliegenden Berandungen reflektiert sowie durch negative Störwellen gebrochen. Abb. 3.33(a) zeigt das Stoßwellenmuster für eine Verengung, wenn die Anströmung eine größere Froudezahl hat als dem Bemessungsfall entspricht. Die Stoßwellen werden durch die höhere Strömungsgeschwindigkeit konvektiv abgelenkt, so dass sie nicht auf den Verengungskanten auftreffen. Dadurch entstehen mehrfache Wellenreflexionen in der darauf folgenden Gerinnestrecke mit abwechselnd seichten und tiefen Stellen. Zusätzlich werden die Wellenfronten durch negative Störwellen, die von den Kanten ausgehen, gebrochen. Zusätzliche Überlegungen zur Gestaltung von Übergängen in Schussrinnen finden sich in Vischer und Hager (1999).

3.5.2 Allmähliche Berandungsveränderungen

Bei allmählichen Berandungsveränderungen entsteht eine Sequenz von positiven oder negativen, infinitesimal kleinen Störwellen, wie in Abb. 3.29(b) und (c) dargestellt ist. Die Strömungsverhältnisse entlang jeweils einer dieser Störwellen, die durch kleine Winkeländerungen θ erzeugt werden, sind in Abb. 3.34 skizziert.

Die Änderung der Normalgeschwindigkeit ΔV_n ist durch die Vektorgeometrie

$$\frac{\Delta V_n}{V_1} = \frac{\sin\theta}{\sin(90° - \beta + \theta)}$$

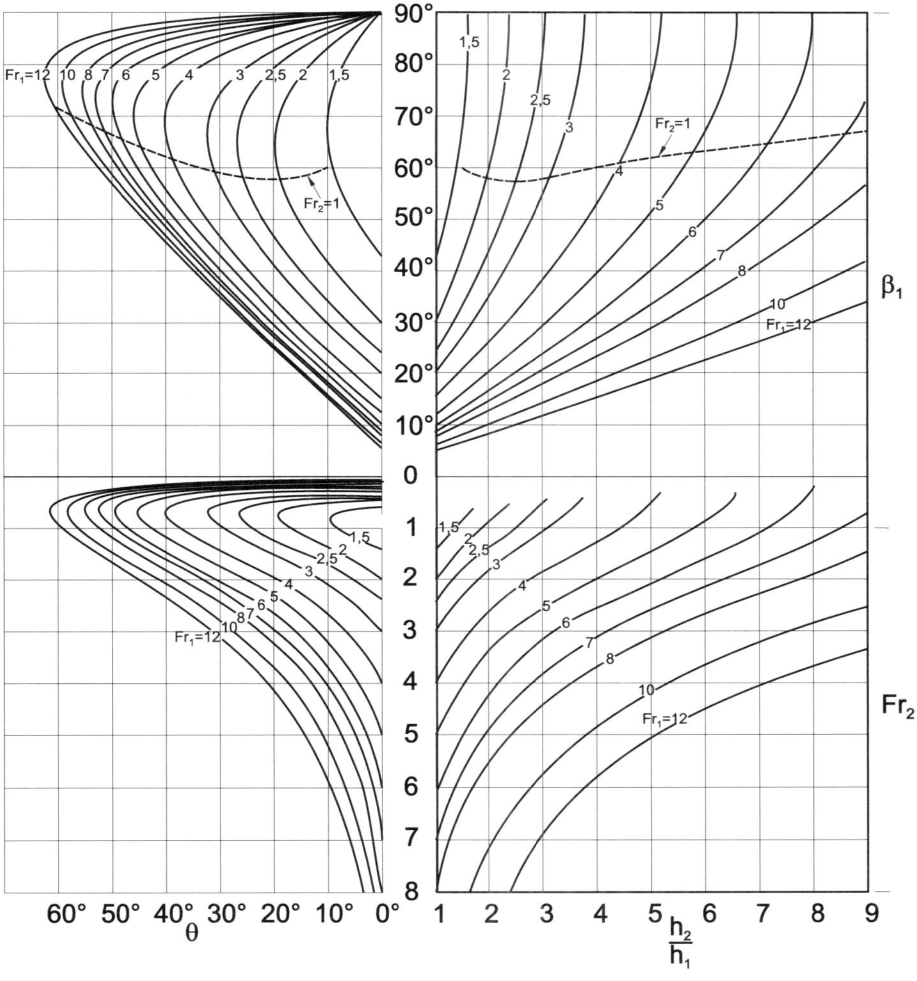

Abb. 3.31: Strömungsverhältnis unterstromig der schrägen Stoßwelle bei gegebener Anströmung Fr_1 und Berandungswinkel θ (nach Rouse, 1950)

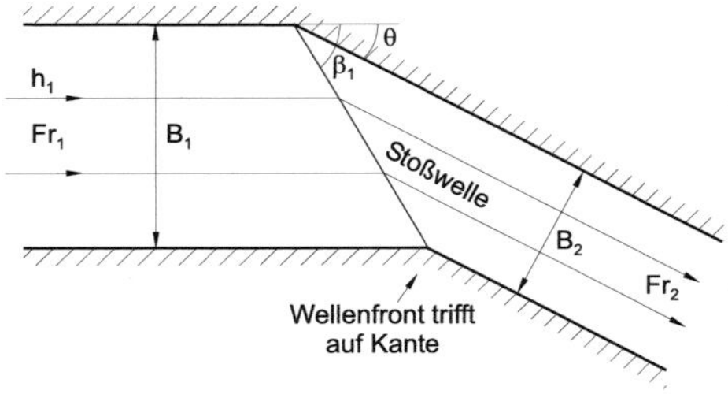

(a) Richtungsänderung

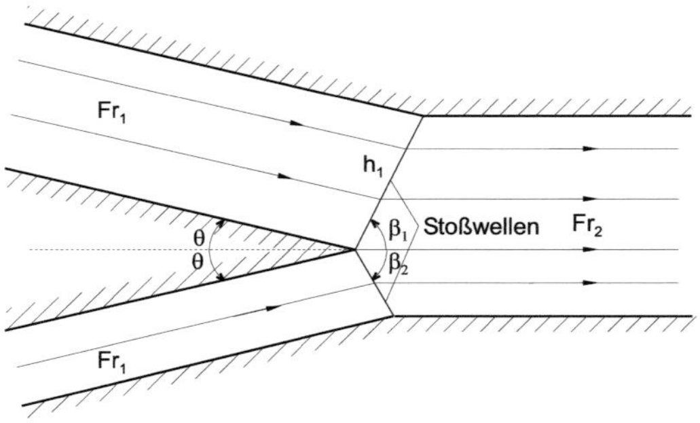

(b) Vereinigung von zwei Schussrinnen

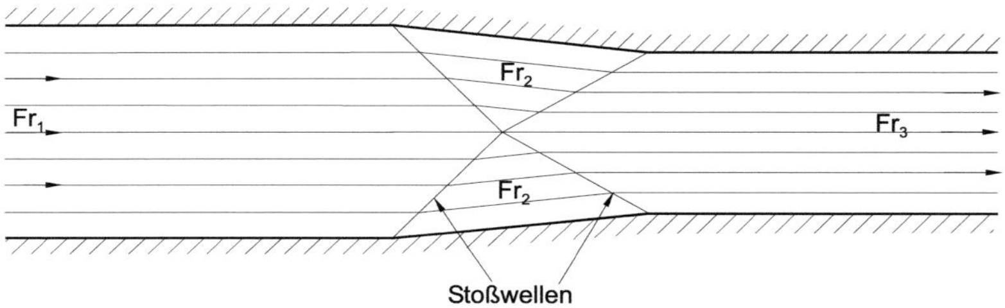

(c) Verengung

Abb. 3.32: Finite Berandungs- bzw. Richtungsänderungen in Schussrinnen. Alle Strömungsbeispiele gelten nur für den Bemessungsfall mit Froudezahl Fr_1, bei dem die Stoßwellenfronten genau auf jeweils gegenüberliegende Berandungskanten treffen.

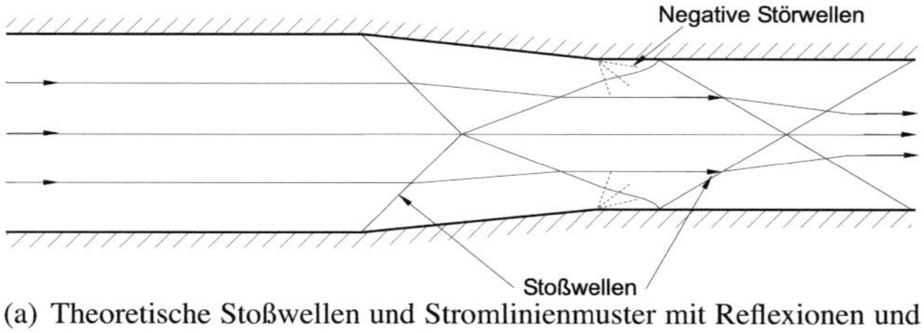

(a) Theoretische Stoßwellen und Stromlinienmuster mit Reflexionen und Brechung durch negative Störwellen

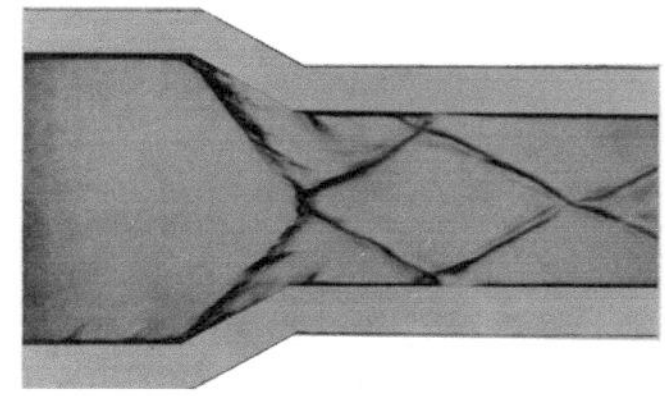

(b) Experimentelle Beobachtung (nach Rouse, 1950)

Abb. 3.33: Stoßwellenmuster in Schussrinnenverengungen mit Wellenreflexionen bei Überschreitung der Bemessungs-Froudezahl Fr_1

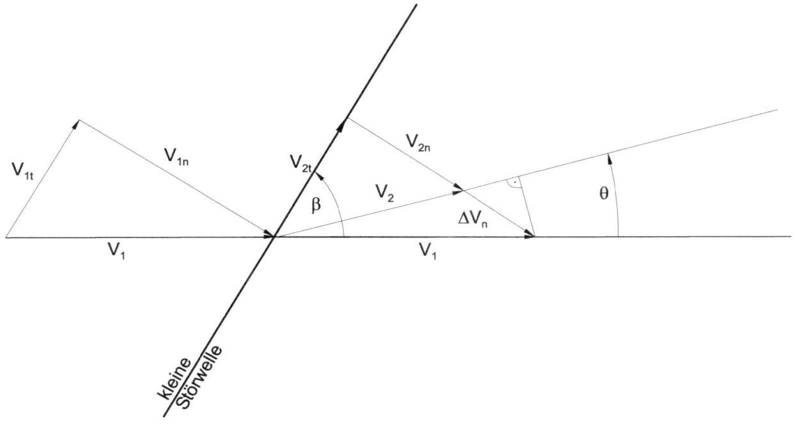

Abb. 3.34: Geschwindigkeitsvektoren bei Durchströmen einer kleinen Störwelle infolge einer kleinen Winkeländerung θ

gegeben. Für kleine Änderungen, $\sin\theta \rightarrow d\theta$ und $\Delta V_n \rightarrow dV_n$, resultiert die Differentialgleichung

$$\frac{dV_n}{d\theta} = \frac{V}{\cos\beta} \tag{3.58}$$

wobei zur Verallgemeinerung der Index $V_1 \rightarrow V$ weggelassen wurde. Die Impulsgleichung mit der kleinen Tiefenänderung Δh ergibt auch in differentieller Form

$$\gamma h dh = g h V_n dV_n$$

woraus

$$dV_n = \frac{g}{V} dh = \frac{g}{V\sin\beta} dh \tag{3.59}$$

Wird V_n in Gl. (3.58) eingesetzt, so erhält man

$$\frac{dh}{d\theta} = \frac{V^2}{g} \frac{\sin\beta}{\sqrt{1-\sin^2\beta}}$$

und nach Verwendung von Gl. (3.50a), $\sin\beta = \sqrt{gh}/V$,

$$\frac{dh}{d\theta} = \frac{V^2}{g}\sqrt{\frac{gh}{V^2-gh}} \tag{3.60}$$

Wird des Weiteren angenommen, dass die Strömung durch die Sequenz der kleinen Störwellen verlustfrei läuft, also mit konstanter spezifischer Energie $E_o = h + V^2/2g$, so ergibt sich

$$\frac{dh}{d\theta} = \frac{2(E_o - h)\sqrt{h}}{\sqrt{2E_o - 3h}} \tag{3.61}$$

Diese Differentialgleichung kann in inverser Form integriert werden

$$\theta = \sqrt{3}\arctan\frac{\sqrt{3}}{\sqrt{\mathrm{Fr}^2 - 1}} - \arctan\frac{1}{\sqrt{\mathrm{Fr}^2 - 1}} - \theta_1 \tag{3.62}$$

wobei θ_1 die Integrationskonstante der Bedingung $\theta = 0$ für den Anfangswert $h = h_1$ entspricht.

Gl. (3.62) ist in Abb. 3.35 dargestellt. Für eine gegebene Froudezahl Fr bzw. eine dimensionslose Tiefe h/E_o, wobei $h/E_o = 1/(1 + \mathrm{Fr}^2/2)$, wird zuerst die Konstante θ_1 ermittelt (als Beispiel $\theta_1 = 22°$ für $\mathrm{Fr} = 5$). Danach können konkave, $\theta > 0$, bzw. konvexe, $\theta < 0$, Winkeländerungen untersucht werden (z. B. für $\theta_+ = +2°$ ergibt sich $\mathrm{Fr} = 4{,}5$ für die Abströmung, während für $\theta_- = -2°$, $\mathrm{Fr} = 5{,}5$), d. h. die Froudezahl nimmt durch den Expansionseffekt zu!). Schrittweise Anwendung des Diagramms erlaubt also die näherungsweise Berechnung von allmählichen Geometrieeinflüssen auf die schießende Strömung. Dies wird im Detail in Naudascher (1992) dargestellt.

Im Falle von Gerinnekrümmungen in Schussrinnen werden kontinuierlich positive Störwellen am Gerinneaußenrand und negative am Innenrand erzeugt. Diese überlagern sich und werden jeweils am gegenüberliegenden Rand reflektiert. Dadurch entsteht ein Muster von „Kreuzwellen“, und somit ein System von stehenden Wellen mit alternierend tiefen und seichten Abschnitten wie in Abb. 3.36 gezeigt wird. Bei extremen Abflüssen kann dies zu einem Überschwappen der Strömung, insbesondere am Außenrand, führen. Die Intensität von Kreuzwellen kann durch sanfte Übergangsbögen am Krümmungsanfang bzw. -ende wesentlich gemindert werden (siehe Naudascher, 1992).

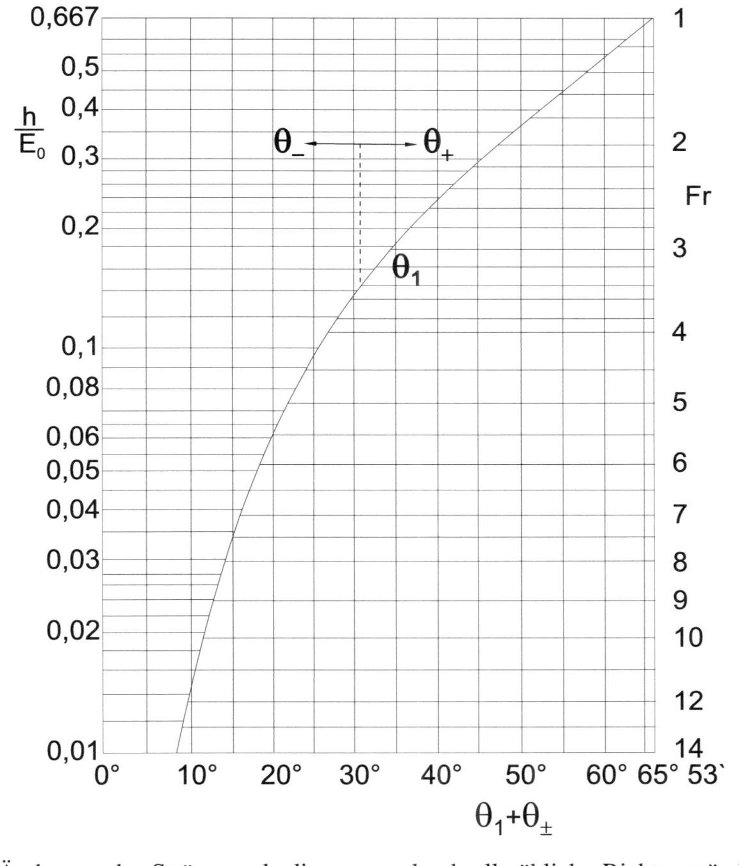

Abb. 3.35: Änderung der Strömungsbedingungen durch allmähliche Richtungsänderungen in Schussrinnen (nach Naudascher, 1992)

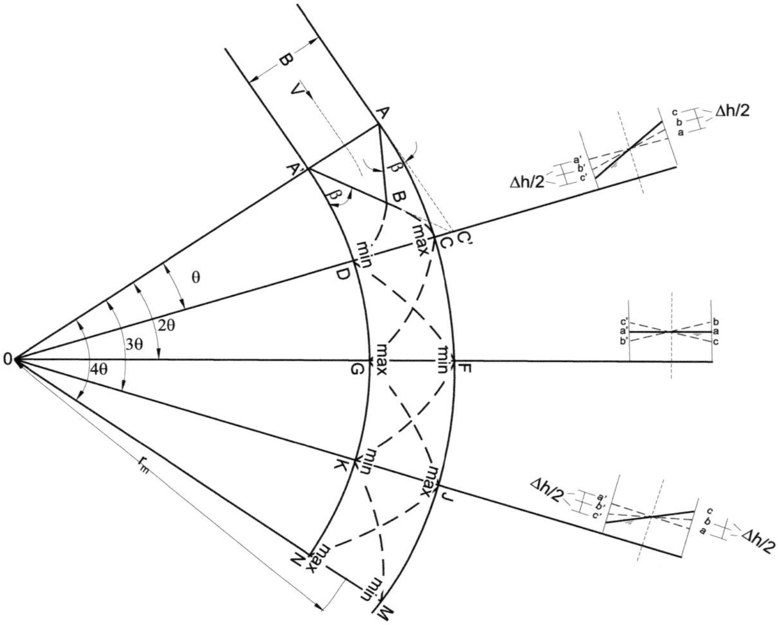

(a) Theoretisches Kreuzwellenmuster mit Wasserspiegelverteilung an drei Querschnitten

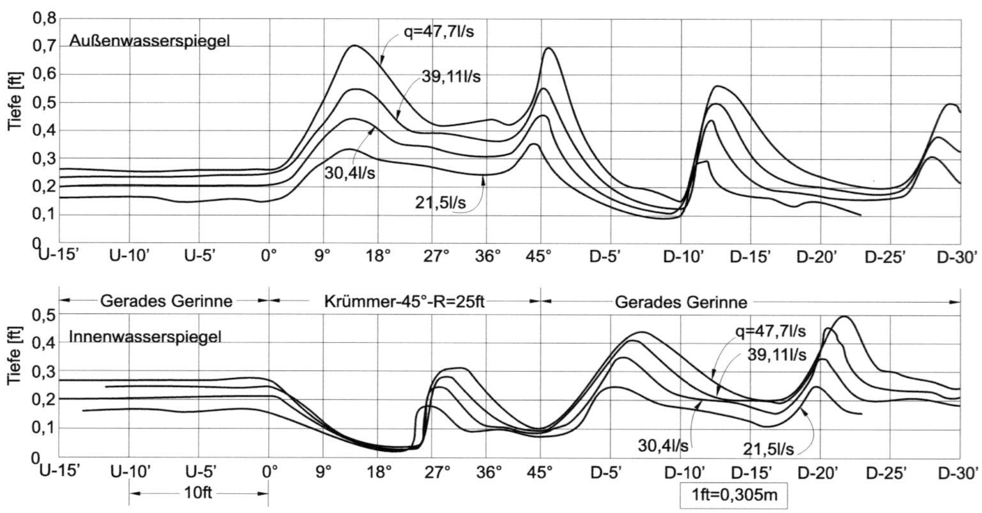

(b) Experimentelle Daten zum Wasserspiegelverlauf an Außen- bzw. Innenrand für verschiedene Durchflüsse

Abb. 3.36: Kreuzwellen in einer gekrümmten Schussrinne (nach Naudascher, 1992)

Kapitel 4

Leicht ungleichförmiger Abfluss: Wasserspiegelprofile

Der leicht ungleichförmige Abfluss bezieht sich auf die allmählichen Änderungen der Wasserspiegellage und der Fließverhältnisse, die über längere Distanzen in einem Gerinne unter stationären, also zeitlich invarianten Bedingungen, stattfinden. Diese Änderungen werden vorwiegend durch Reibungseinwirkungen im Gerinne verursacht, welche wiederum von der Verteilung der Rauheit sowie der Gerinnegeometrie als Funktion der Fließdistanz abhängen.

Fragen zu den Wasserständen, die sich in einem natürlichen Gerinne bei gewissen Durchflüssen (z. B. Niedrig-, Mittel- oder Hochwasserdurchfluss) einstellen, werden durch die methodischen Ansätze zum leicht ungleichförmigen Abfluss beantwortet, die in diesem Kapitel dargestellt werden. Wasserbauliche Modifizierungen von Gerinnen, wie z. B. der Bau eines Staudammes, benötigen ebenso Bemessungsmethoden, um ihren Einfluss auf Wasserspiegellagen und Fließverhalten vorherzusagen. Bei großen Flüssen kann etwa die Stauwirkung von Dämmen sich über zehn bis mehrere hundert von Kilometern flussaufwärts erstrecken. In diesem Falle ergibt sich das Gesamtverhalten aus der Wechselwirkung zwischen den lokalen Abflusskontrollfunktionen am Bauwerk (siehe Kap. 3) und den leicht ungleichförmigen Abflussvorgängen. Auch künstliche Gerinnesysteme, wie z. B. Bewässerungskanäle, die geforderte Abflussmengen oft über große Distanzen verteilen müssen, benötigen die Prognose der Wasserspiegelprofile, d. h. der Wasserspiegellagen als Funktion der Fließdistanz.

4.1 Grundgleichung

Die generellen Definitionen für ungleichförmigen Abfluss aus dem vorigen Kapitel (siehe Abschn. 3.1, Abb. 3.1) sind auch hier gültig.

Für einen Fließabschnitt mit Länge Δx und Annahme von kleinem Gefälle, $\cos\theta \approx 1$, sowie unter Vernachlässigung der Geschwindigkeitsungleichförmigkeiten, $\alpha \approx 1$, gilt die vereinfachte Form der Arbeits-Energie-Gleichung, Gl. (3.4a). Gl. (3.4b) ergibt umgeformt

$$h_2 - h_1 = I_o \Delta x - I_e \Delta x - \left(\frac{V_2^2}{2g} - \frac{V_1^2}{2g} \right) \tag{4.1}$$

wobei I_o das Sohlgefälle und I_e das Energie- (oder Reibungs-)gefälle beschreibt. Die Änderungen der Wassertiefe bzw. der Geschwindigkeitshöhe sind

$$\Delta h = h_2 - h_1 \qquad \text{bzw.} \qquad \Delta \left(\frac{V^2}{2g} \right) = \frac{d}{dx} \left(\frac{V^2}{2g} \right) \Delta x = \frac{V_2^2}{2g} - \frac{V_1^2}{2g}$$

Werden diese Definitionen in Gl. (4.1) eingesetzt, diese durch Δx dividiert und der Grenzwert $\Delta x \to 0$ gebildet, so resultiert nach Verwendung der Kettenregel die Differentialgleichung

$$\frac{dh}{dx} = I_o - I_e - \frac{d}{dx} \left(\frac{V^2}{2g} \right) = I_o - I_e - \frac{d}{dh} \left(\frac{V^2}{2g} \right) \frac{dh}{dx} \tag{4.2}$$

Des Weiteren gilt somit

$$\frac{dh}{dx} \left[1 + \frac{d}{dh} \left(\frac{V^2}{2g} \right) \right] = I_o - I_e \tag{4.3}$$

Für den allgemeinen Gerinnequerschnitt mit Fläche A, Breite B und konstantem Durchfluss $Q = VA$ (siehe Abschn. 3.2.3 und Abb. 3.9) gilt

$$\frac{d}{dh} \left(\frac{V^2}{2g} \right) = \frac{d}{dh} \left(\frac{Q^2}{2gA^2} \right) = -\frac{Q^2}{gA^3} \frac{dA}{dh} = -\frac{V^2}{g} \frac{B}{A} = -\mathrm{Fr}^2 \tag{4.4}$$

wobei Fr nach Gl. (3.30) die Froudezahl bezogen auf die mittlere Tiefe $\overline{h} = A/B$ ist. Nach Einsetzung von Gl. (4.4) in Gl. (4.3) ergibt sich die generelle **Differentialgleichung für die Wasserspiegellage in einem allgemeinen Gerinne**

$$\frac{dh}{dx} = \frac{I_o - I_e}{1 - \mathrm{Fr}^2} \tag{4.5}$$

Gl. (4.5) zeigt, dass die Änderung der Wassertiefe von den lokalen Werten des Sohlgefälles, des Energiegefälles und der Froudezahl abhängig ist.

Das Energiegefälle entspricht dem Reibungswiderstand an der Gerinneperipherie, der durch die Fließformeln beschrieben wird. Wie schon in Abschn. 2.1.6 erwähnt wurde, werden für den leicht ungleichförmigen Abfluss näherungsweise die gleichen Fließformeln wie für den gleichförmigen Abfluss verwendet. Mit der Darcy-Weisbach-Fließformel, (Gl. (2.26), ergibt sich

$$I_e = \frac{\lambda}{8g} \frac{V^2}{R_h} \tag{4.6a}$$

bzw. mit der Manning-Strickler-Fließformel, Gl. (2.27),

$$I_e = \frac{1}{k_{\mathrm{St}}^2} \frac{V^2}{R_h^{4/3}} \tag{4.6b}$$

als jeweils quadratische Widerstandsgleichungen.

Werden Gl. (4.6a) und (4.6b) und die Definition der Froudezahl in Gl. (4.5) eingesetzt, so erhält man nach Darcy-Weisbach

$$\frac{dh}{dx} = \frac{I_o - \dfrac{\lambda}{8g} \dfrac{Q^2}{A^2 R_h}}{1 - \dfrac{Q^2 B}{g A^3}} \tag{4.7a}$$

bzw. alternativ nach Manning-Strickler

$$\frac{dh}{dx} = \frac{I_o - \dfrac{1}{k_{\mathrm{St}}^2} \dfrac{Q^2}{A^2 R_h^{4/3}}}{1 - \dfrac{Q^2 B}{g A^3}} \tag{4.7b}$$

Im Prinzip sind alle Größen auf der rechten Seite dieser Differentialgleichung 1. Ordnung bekannte Funktionen $f(h,x)$ der Wassertiefe h bzw. der Distanz x, so dass die Gleichung mit einer gegebenen Anfangsbedingung, $h = h_o$ bei $x = x_o$, integriert werden kann. Auf diese Art kann das Wasserspiegelprofil $h(x)$ für einen gegebenen stationären Durchfluss Q ermittelt werden.

Um grundlegende Eigenschaften der Wasserspiegelprofile zu erkennen, ist es aber vorteilhaft, zuerst den speziellen Fall eines Rechteckgerinnes zu betrachten.

4.2 Qualitative Wasserspiegelprofile im Rechteckgerinne

Im Folgenden wird die Fließformel nach Manning-Strickler, als Gl. (4.7b), verwendet, um qualitative Aussagen über die Form der möglichen Wasserspiegelprofile zu machen.

In einem Rechteckgerinne mit konstanter Breite B gilt ein konstanter spezifischer Durchfluss $q = Q/B$ und $A = Bh$. Darüber hinaus gilt bei großer Breite $R_h \approx h$. Mit diesen Annahmen vereinfacht sich Gl. (4.7b) zu

$$\frac{dh}{dx} = \frac{I_o - \frac{1}{k_{\mathrm{St}}^2} \frac{q^2}{h^{10/3}}}{1 - \frac{q^2}{gh^3}} \tag{4.8}$$

4.2.1 Referenztiefen in einem Gerinneabschnitt

Normalabflusstiefe h_n

Unter der Annahme, dass der betrachtete Gerinneabschnitt lang genug ist (d. h. theoretisch unendlich lang), wird sich eine gleichförmige Strömung, der so genannte „Normalabfluss" einstellen. Dies bedeutet, $dh/dx = 0$ bzw. $I_o = I_e$, so dass aus Gl. (4.8) eine direkte Beziehung für h_n hergestellt werden kann

$$h_n = \left(\frac{q}{k_{\mathrm{St}} I_o^{1/2}} \right)^{3/5} \tag{4.9}$$

Kritische Abflusstiefe (Grenztiefe) h_c

Bei einem gegebenen kritischen Durchfluss q stellt die kritische Tiefe, Gl. (3.14)

$$h_c = \left(\frac{q^2}{g} \right)^{1/3} \tag{4.10}$$

den Abflusszustand mit minimaler spezifischer Energie dar.

4.2.2 Klassifizierung eines Streckenabschnitts

Für einen gegebenen Durchfluss q kann der vorhandene Streckenabschnitt, der durch sein Sohlgefälle I_o und seine Rauheit k_{St} gekennzeichnet ist, folgendermaßen klassifiziert werden:

a) Mildes Gefälle, $h_n > h_c$:
Ist der Gerinneabschnitt lang genug, so stellt sich strömender (unterkritischer) Abfluss ein. Der Reibungseinfluss dominiert die Strömung relativ zum Schwerkrafteinfluss.

b) Steiles Gefälle, $h_n < h_c$:
Schießender (überkritischer) Abfluss wird sich im Gerinneabschnitt mit Normalabfluss einstellen. Der Schwerkrafteinfluss dominiert die Strömung relativ zum Reibungseinfluss.

Dazu gibt es drei weitere Spezialfälle:

a) Kritisches Gefälle, $h_n = h_c$:
Dies ist ein Grenzzustand zwischen mildem und steilem Gefälle.
b) Horizontale Sohle, $I_o = 0$:
In diesem Falle, $h_n \to \infty$, und somit ist kein gleichförmiger Normalabfluss möglich.
c) Adverses Gefälle, $I_o < 0$:
Auch für eine in Fließrichtung ansteigende Sohle ist h_n unbestimmt und somit kein Normalabfluss möglich.

4.2.3 Klassifizierung von Wasserspiegelprofilen

Mit Hilfe der Definitionen zu den Referenztiefen h_n und h_c kann Gl. (4.8) umgeformt werden zu

$$\frac{dh}{dx} = I_o \frac{1-(h_n/h)^{10/3}}{1-(h_c/h)^3} \tag{4.11}$$

Bei einer ungleichförmigen Strömung ist die Wassertiefe h generell nicht gleich der Normaltiefe h_n, so dass sich nach Gl. (4.11) Änderungen der Wasserspiegellage in der Fließrichtung, also „Wasserspiegelprofile" ergeben. Diese werden manchmal auch „Stau- und Senkkurven" genannt.

Aufgrund einer Analyse von Gl. (4.11) ergeben sich qualitativ folgende Wasserspiegelprofile:

Mildes Gefälle, $h_n > h_c$**:**

Je nachdem, wie groß die gegebene Wassertiefe h an einer Position x zu den Referenztiefen h_n bzw. h_c ist, ergeben sich verschiedene Formen des Wasserspiegelprofils.

(i) Typus M1, $h > h_n > h_c$ (Abb. 4.1(a)):

Angenommen, die lokale Wassertiefe ist größer als die beiden Referenztiefen (dies kann durch eine Stauwirkung eines fließabwärts liegenden Bauwerkes gegeben sein, wie die folgenden Anwendungsbeispiele zeigen!), wie entwickelt sich die Wassertiefe dh/dx in der Fließrichtung? Aus Gl. (4.11) ist ersichtlich, dass sowohl Zähler als auch Nenner auf der rechten Seite positiv sind (da sowohl $h > h_n$ als auch $h > h_c$), und demnach $dh/dx > 0$, d. h. die Wassertiefe nimmt in Fließrichtung kontinuierlich zu. Des Weiteren können zwei Asymptoten erkannt werden: unterstrom wird $h \gg h_n$ als auch $h \gg h_c$, so dass $dh/dx \to I_o$, also eine horizontale Asymptote erreicht wird; oberstrom gilt $h \to h_n$, so dass $dh/dx \to 0$,

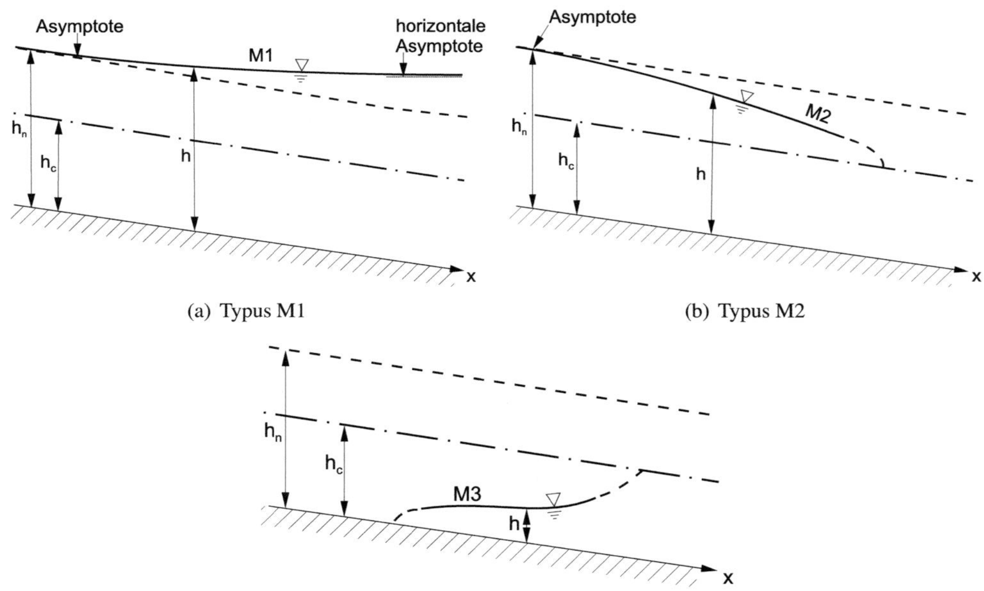

Abb. 4.1: Verlauf der Wasserspiegelprofile für Gerinneabschnitt mit mildem Gefälle

also die Normaltiefe asymptotisch angenähert wird. Dies bestimmt qualitativ die nach oben konkave Form des Profiltypus M1, der einer Staukurve entspricht (Abb. 4.1(a)).

(ii) Typus M2, $h_n > h > h_c$ (Abb. 4.1(b)):

In diesem Fall wird der Zähler der Gleichung negativ (da $h < h_n$), während der Nenner weiterhin positiv bleibt, so dass $dh/dx < 0$, also das Profil sich in Fließrichtung zur kritischen Tiefe hin absenkt. Oberstrom ist die Normaltiefe wiederum eine Asymptote. Fließabwärts dagegen wird $h \to h_c$, so dass der Nenner nach Null geht und $dh/dx \to \infty$, also der Wasserspiegel vertikal zur kritischen Tiefe abfällt. Dies entspricht insgesamt einer Senkkurve.

(iii) Typus M3, $h_n > h_c > h$ (Abb. 4.1(c)):

Sowohl Zähler als auch Nenner sind negativ. Das Wasserspiegelprofil steigt bis zur kritischen Tiefe kontinuierlich an.

Diese drei Profiltypen für ein Gerinne mit mildem Gefälle sind auch in Abb. 4.2(a) qualitativ zusammengefasst.

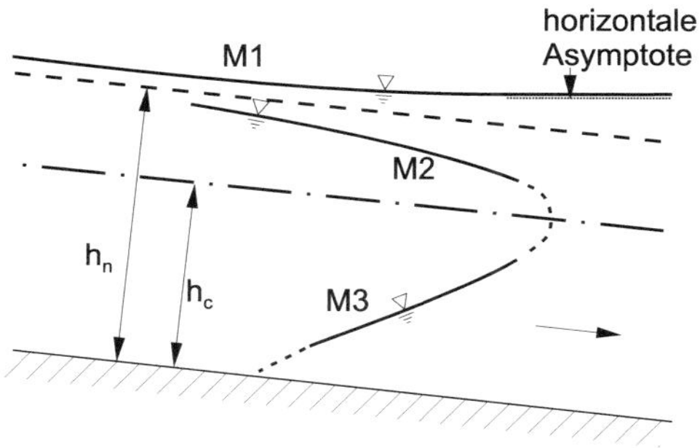

(a) Mildes Gefälle

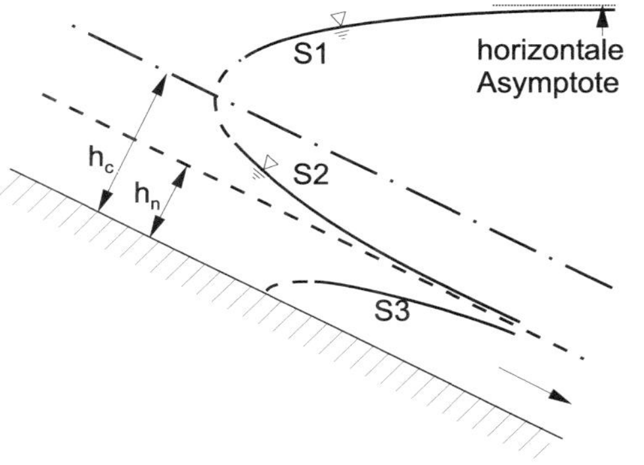

(b) Steiles Gefälle

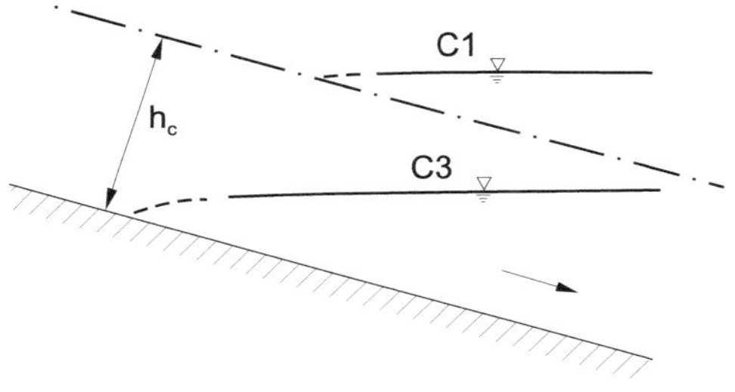

(c) Kritisches Gefälle

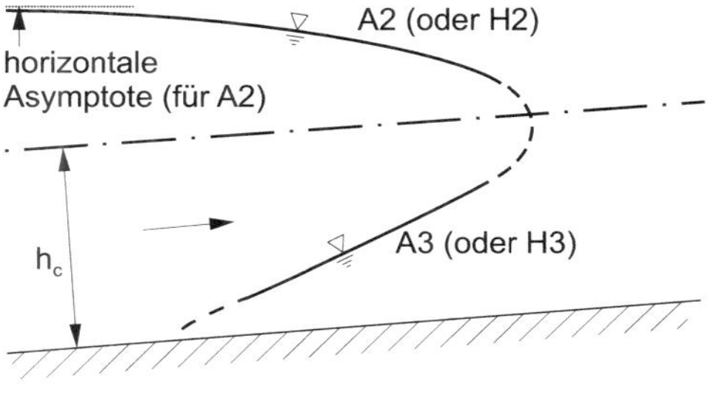

(d) Adverses Gefälle (oder horizontale Sohle)

Abb. 4.2: Typen der Wasserspiegelprofile für verschiedene Gerinneeigenschaften

Steiles Gefälle, $h_n < h_c$**:**

Eine Analyse der Differentialgleichung, Gl. (4.11), für diese Gerinneverhältnisse führt analog zur Diskussion für mildes Gefälle ebenfalls zu drei Profiltypen, S1 (Staukurve), S2 (Senkkurve) bzw. S3. Diese sind in Abb. 4.2(b) summarisch angedeutet.

Spezialfälle:

Analog hierzu zeigt Abb. 4.2(c) zwei Profiltypen C1 und C3 für einen Gerinneabschnitt mit kritischem Gefälle, bzw. Abb. 4.2(d) zwei Typen A2 und A3 für ein adverses Gefälle oder auch Nullgefälle (horizontale Sohle), wobei bei letzterem die Wassertiefe bei strömendem Abfluss nach oberstrom zunimmt (Profiltyp H2).

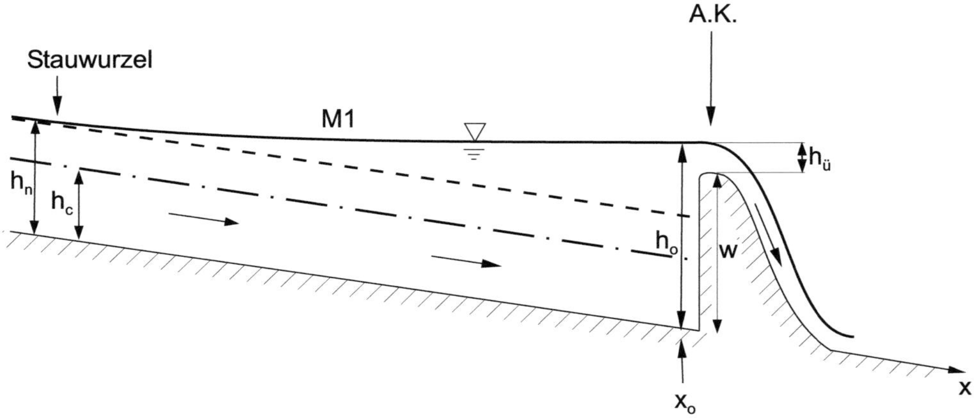

Abb. 4.3: Staukurve M1 infolge von Abflusskontrolle bei überströmtem Wehr

4.2.4 Anwendungsbeispiele

Obwohl ein breites Rechteckgerinne mit konstanter Breite in der wasserbaulichen Praxis eher selten vorkommt, so stellen die folgenden Beispiele eine gute Annäherung zum Strömungsverhalten in generell breiten – künstlichen sowie natürlichen – Querschnitten dar (siehe Abschn. 1.1), in denen der hydraulische Radius der mittleren Tiefe entspricht.

Gerinne (mildes Gefälle) mit überströmtem Wehr:

Abb. 4.3 zeigt den Einbau eines Wehres in einem Gerinne mit mildem Gefälle. Durch das Wehr wird ein Aufstau im Oberwasser erreicht. Die Höhe des Aufstaus, d. h. die Wassertiefe h_o an der Position x_o genau oberstromig des Wehres, wird durch die Abflusskontrollwirkung des überströmten Wehres fixiert. Hier gelten Abflussformeln nach Gl. (3.33) je nach Wehrform und -detail, welches die Überstauhöhe $h_ü$ relativ zur Wehrkronenhöhe w und für den gegebenen Durchfluss festlegen. Von diesem Tiefenfixpunkt $h_o(x_o)$ verläuft das Wasserspiegelprofil M1 fließaufwärts asymptotisch bis zur Normaltiefe, d. h. bis zur so genannten „Stauwurzel“.[1]

Gerinne mit Gefälleübergang von mild zu steil:

In Abb. 4.4 sind zwei Gerinneabschnitte gegeben, die sich aufgrund ihres tatsächlichen Gefälles I_o sowie der Rauheitsverhältnisse k_{St} als „mild‘ bzw. „steil“ ausweisen. Die kritische Tiefe

[1]Die Stauwurzel wird üblicherweise als die Position definiert, bei der $h = 1{,}01\,h_n$, also die Tiefe sich bis auf 1% an die Normaltiefe annähert.

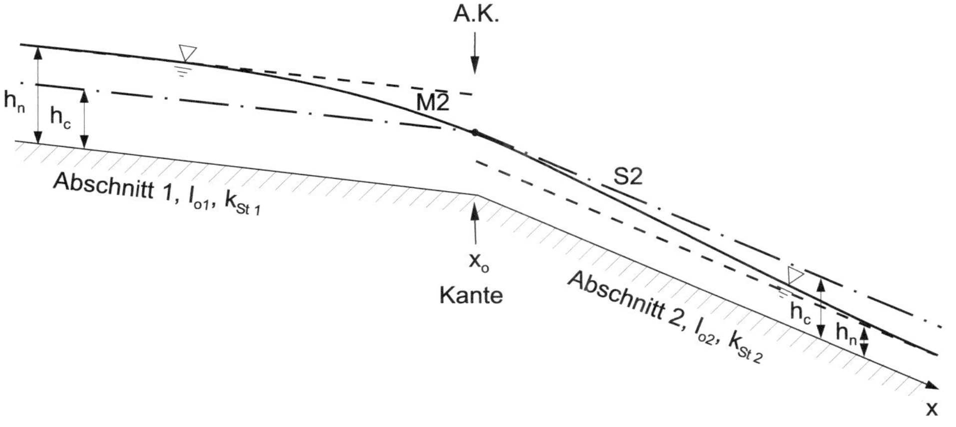

Abb. 4.4: Senkkurven M2 und S2 bei Übergang von mildem zu steilem Gerinne mit konstanter Breite

h_c ist in beiden Abschnitten gleich groß, da sich die Breite B nicht ändert, also q konstant ist. Die Normaltiefe h_n ändert sich am Punkt des Gefällewechsels. Diese Kante agiert demnach als Abflusskontrolle (A. K.), so dass die lokale Tiefe $h_o(x_o) = h_c$ ist. Die Senkkurve M2 verläuft stromauf von der A. K., während die weitere Senkkurve S2 stromabwärts verläuft. Auf diese Weise ergibt sich ein Übergang von strömendem Normalabfluss zu schießendem Normalabfluss.[2]

Steiles Gerinne mit Schütz und Wechselsprung:

Beim Ausfließen aus einem Speicher in ein steiles Gerinne wird die Durchflussmenge durch die kritischen Bedingungen (A.K.) am Gerinneanfang kontrolliert. Eine Senkkurve S2 beschreibt den Übergang zu Normalabfluss, der sich nach einer gewissen Fließlänge einstellen würde.

Wird die Strömung jedoch durch ein eingefahrenes Schütz gestört (Abb. 4.5), so ergibt sich eine zweite Abflusskontrolle, welche die Strömung ober- oder unterstromig des Schützes beeinflusst bzw. stört. Die Wassertiefe h_0 unmittelbar oberhalb (x_{o2}) des Schützes ist nun für den gegebenen Abfluss durch die Abflussformel für Schütze, Gl. (3.39), fixiert. Die Wassertiefe unmittelbar unterhalb (x_{o3}) ist gleich der Schützöffnungshöhe s. Mit diesen gegebenen Tiefen erstreckt sich eine Staukurve (Profil S1) nach oberstrom und ein Profil S3 nach unterstrom, das sich asymptotisch der Normaltiefe annähert.

[2]Wenn auch die Profilkurven M2 bzw. S2 in Abb. 4.2 einen vertikalen Abfall $dh/dx \to \infty$ bei der kritischen Tiefe anzeigen, da der Nenner in Gl. (4.11) gegen Null geht, so tritt das in der Praxis beim Gefälleübergang nicht auf. Dadurch, dass im Bereich des Knickes auch lokal der Nenner gegen Null geht, ist es auch mathematisch möglich, einen sanften, allmählichen Übergang des Wasserspiegelprofils zu haben.

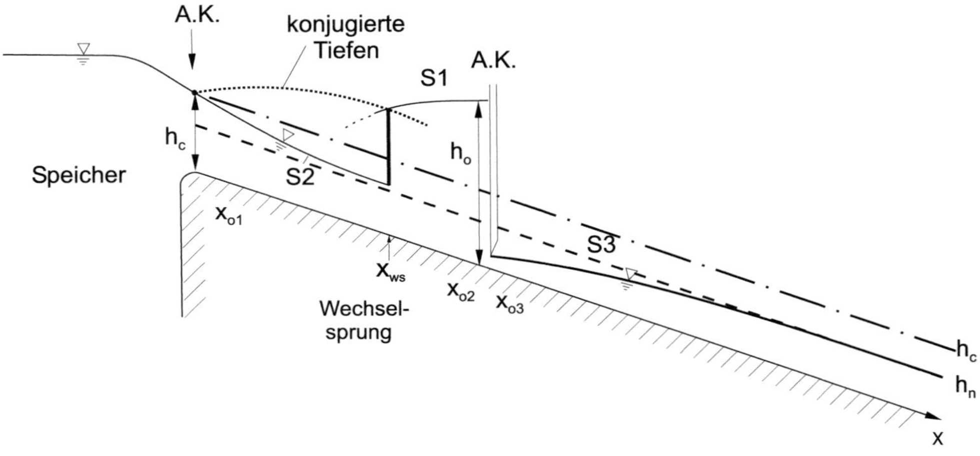

Abb. 4.5: Ausfluss aus Speicher in steiles Gerinne mit zusätzlichem Schütz. Der Übergang von schießendem (S2) zu strömendem (S1) Profil ist durch einen Wechselsprung gegeben.

Oberstromig des Schützes muss also ein Fließwechsel von schießendem (S2) zu strömendem (S1) Abfluss stattfinden. Wie in Abschn. 3.4 dargestellt wurde, ist solch ein Übergang nur in Form eines Wechselsprungs, also hoch energiedissipierend, möglich. Der Wechselsprung kann im Prinzip irgendwo entlang der überkritischen Profillinie S2 liegen. Jeder Wassertiefe h_1 entlang S2 entspricht dabei eine konjugierte Wassertiefe h_2 gemäß der Wechselsprunggleichung, Gl. (3.45). Der Verlauf der konjugierten, also unterkritischen Tiefe ist in Abb. 4.5 als punktierte Linie dargestellt. Die Position x_{ws} des Wechselsprungs[3] ist durch den Schnittpunkt der konjugierten Linie mit dem Profil S1 exakt bestimmt.

4.3 Quantitative Berechnung der Wasserspiegelprofile

Die Differentialgleichungen für das Wasserspiegelprofil in einem allgemeinen Gerinne, Gl. (4.7b), und selbst für den einfacheren Fall des Rechteckgerinnes, Gl. (4.8), sind jeweils gewöhnliche Differentialgleichungen 1. Ordnung, aber nicht-linear und generell nicht analytisch integrierbar.[4] Deshalb müssen numerische Näherungsverfahren für die quantitative

[3]Der Wechselsprung ist in einem stark überhöhten Längenprofil wie Abb. 4.5 als einfache vertikale Linie eingezeichnet. Der Höhenverzerrung entsprechend sind die Abmessungen für Wassertiefen ebenfalls vertikal statt richtigerweise normal zur Sohle (siehe Abschn. 3.1) eingezeichnet.

[4]Die einzige Ausnahme ist die Lösung nach Bresse (siehe Chow, 1959) für den Spezialfall des Rechteckgerinnes mit der Fließformel nach Darcy-Weisbach.

Berechnung bei praktischen Anwendungen herangezogen werden. Diese Verfahren werden hier kurz erläutert.

4.3.1 Iterationsverfahren für Rechteckgerinne

Im Prinzip kann Gl. (4.8) direkt in eine Differenzengleichung umgewandelt werden und iterativ mit Δx-Schritten gelöst werden. Wegen der Singularitäten, die auftreten, wenn der Nenner der rechten Seite der Gleichung nach Null geht, ist es aber numerisch vorteilhafter, die Gleichung in invertierter Form

$$\frac{dx}{dh} = \frac{1 - q^2/(gh^3)}{I_o - \left(1/k_{\mathrm{St}}^2\right)\left(q^2/h^{10/3}\right)} \tag{4.12}$$

zu lösen. In Differenzenform, $dx/dh \approx \Delta x/\Delta h$, kann für einen gegebenen Δy-Schritt die Änderung der Distanz Δx

$$\Delta x = \Delta h \frac{1 - q^2/(gh^2)}{I_o - \left(1/k_{\mathrm{St}}^2\right)\left(q^2/h^{10/3}\right)} \tag{4.13}$$

berechnet werden.

Wenn also der Wasserspiegel an einem Punkt bekannt ist $(x_{\mathrm{alt}}, h_{\mathrm{alt}})$, so berechnet sich mit $\Delta h = h_{\mathrm{neu}} - h_{\mathrm{alt}}$ und $\Delta x = x_{\mathrm{neu}} - x_{\mathrm{alt}}$ die Postion x_{neu} des nächsten Punktes mit Wasserspiegeltiefe h_{neu} als (siehe Abb. 4.6)

$$x_{\mathrm{neu}} = x_{\mathrm{alt}} + \Delta h \frac{1 - q^2/(gh_m^3)}{I_o - \left(1/k_{\mathrm{St}}^2\right)\left(q^2/h_m^{10/3}\right)} \tag{4.14}$$

Da Gl. (4.14) aus Gl. (4.8) abgeleitet wurde, ist auch Gl. (4.14) nur für breite Gerinne mit $R_h \approx h$ gültig. Die Güte dieser Approximation hängt sowohl von der Schrittgröße Δh ab als auch davon, wie repräsentativ der Wert der Variablen h_m über die Schrittgröße ist. Im einfachsten Fall könnte er gleich dem Anfangs- ($h_m = h_{\mathrm{alt}}$) bzw. Endwert ($h_m = h_{\mathrm{neu}}$) gesetzt werden. Besser ist aber eine Approximation $h_m = (h_{\mathrm{alt}} + h_{\mathrm{neu}})/2 = h_{\mathrm{alt}} + \Delta h/2$, so dass h_m einer mittleren Wassertiefe entspricht. Es können aber auch numerische Methoden höherer Genauigkeit, z. B. Runge-Kutta-Verfahren oder

„predictor/corrector"-Methode eingesetzt werden.

Gl. (4.14) kann als einfache Tabellenkalkulation (z. B. Excel) programmiert werden, um eine schrittweise Berechnung eines Wasserspiegelprofils zu geben. Die Berechnungen beginnen immer mit einem bekannten Punkt (x_o, h_o), der z. B. durch einen Abflusskontrollquerschnitt gegeben ist, wie die Anwendungen in Abschn. 4.2.4 gezeigt haben. Die Berechnungsrichtung muss dabei mit positiven Δh-Schritten (also zunehmender x-Distanz) in Bereichen des schießenden Abflusses, der oberstromig kontrolliert wird, oder mit negativen Δh-Schritten (abneh-

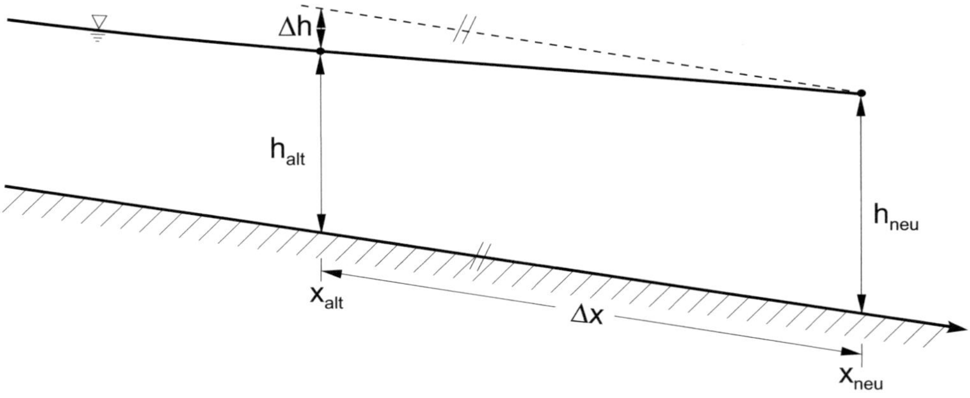

Abb. 4.6: Schrittweise Berechnung der Wasserspiegellinie

mender x-Distanz) in Bereichen mit strömendem Abfluss, der unterstromig kontrolliert wird, erfolgen.

4.3.2 Einschrittmethode (Handkalkulation) für breite Rechteckgerinne

Für überschlägige Abschätzungen in der Praxis ist es oft nützlich, eine Einschrittmethode (‚single-step‘) zu verwenden, z. B. um die Position der Stauwurzel (siehe Abb. 4.6) nährungsweise zu berechnen. Mit den Definitionen

Gesamttiefenänderung $\Delta h =$ Endtiefe $h_e -$ Anfangstiefe h_o

Gesamtdistanz $\Delta x =$ Endposition $x_e -$ Anfangsposition x_o

kann die Endposition des Profils (x_e, h_e) aus Gl. (4.13) in einem Rechengang als

$$x_e = x_o + \Delta h \frac{1 - q^2/gh_m^3}{I_o - \left(1/k_{\mathrm{St}}^2\right)\left(q^2/h_m^{10/3}\right)} \tag{4.15}$$

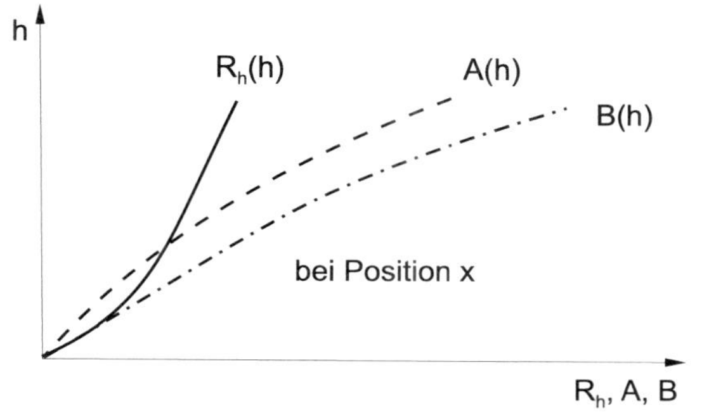

Abb. 4.7: Parameter der Querschnittsgeometrie an einer generellen Gerinneposition x

geschätzt werden, wobei $h_m = h_o + \Delta h/2$.

Gl. (4.15) gilt nur für breite Gerinne mit $R_h \approx h$. Für detaillierte Ingenieurbemessungen sind solche Nährungen, meist nach Gl. (4.15), nicht zulässig!

4.3.3 Numerische Methoden zur Berechnung der Wasserspiegelgrafiken im Falle von allgemeinen Gerinnequerschnitten

Detaillierte numerische Berechnungsprogramme können herangezogen werden, um Wasserspiegelprofile in allgemeinen Gerinnen, mit variabler Querschnittsgeometrie und Rauheitsverteilung entlang der Fließdistanz x zu berechnen. Diese Verfahren lösen die Grundgleichung, Gl. (4.7b) in Δx-Schritten entlang der Fließstrecke. Dabei ist zu beachten, dass Daten zur Querschnittsgeometrie für die diskreten Querschnittspositionen entlang x zur Verfügung stehen müssen. Solche Daten sind exemplarisch in Abb. 4.7 dargestellt. Insgesamt bedeutet dies, dass die funktionalen Zusammenhänge $A(x,h)$, $B(x,h)$ und $R_h(x,h)$ zur Lösung der Grundgleichung bekannt sind.

Des weiteren müssen detaillierte Informationen zur Rauheitsverteilung – $\lambda(x)$ bzw. $k_{St}(x)$ je nach verwendeter Fließformel – im Gerinne, eventuell auch unter Einbezug von überschwemmten Vorländern in Verbundprofilen ermittelt werden.

Bestehende Berechnungsprogramme, wie z. B. HEC[5]-2 oder HEC-RAS[6] bzw. CASCADE + Telemac 1D, mit entsprechenden Benutzeroberflächen ermöglichen die Berechnung von sta-

[5] U.S. Army Corps of Engineers Hydrological Engeneering Center, amerikanische Bundesbehörde für Ingenieurhydrologie

[6] HEC-RAS bietet auch die Möglichkeit Wehrüberströmungen bzw. Dükerströmungen einzubauen. Problematisch bei diesen Programmen ist der Übergang von schießendem zu strömendem Abfluss. Sind die nötigen Randbedingungen bekannt ist HEC-RAS in der Lage, diesen Übergang zu simulieren und ggf. die Lage eines Wechselsprungs zu bestimmen. Das Programmpaket HEC-RAS wird unter folgender Internetadresse zum freien Download angeboten: `http://www.ifh.uni-karlsruhe.de/ifh/studneu/studienarbeiten/Default.htm`.

tionären Abflussvorgängen in komplexen Gerinnen und sind für die moderne wasserbauliche Planung unerlässlich. Diese Programme können auch zusätzliche Energieverluste durch Gerinneverzweigungen bzw. -zusammenflüsse, Inseln bzw. Einbauten (z. B. Brückenpfeiler) u.a.m. berücksichtigen.

Kapitel 5

Instationärer Abfluss: Wellenbewegungen in Gerinnen

Instationäre Abflussvorgänge in Gerinnen mit freiem Wasserspiegel können sich in vielfältigen Formen dokumentieren. Eine zeitliche Änderung des Wasserspiegels, die durch die Schwerkraft kontrolliert wird, ist allen diesen Formen gemein. Nach Grad und Typ dieser zeitlichen Variabilität können drei Hauptkategorien unterschieden werden:

1. Periodische Wellen, die auf die normale Gerinneströmung überlagert sind. Die Auslöser für solche Wellen können Windscherung, Gezeiten bzw. inhärente Instabilitäten der Strömung selbst sein.

2. Kurzzeitige Schwall-, Sunk- bzw. Einzelwellenphänomene, die durch den Betrieb von Kontrollbauwerken (z. B. plötzliches Ein- bzw. Ausfahren von Schützen) oder durch unfallartige Ereignisse (z. B. Dammbruch, Erdsturz) ausgelöst werden.

3. Allmählich ablaufende Abflussänderungen, die sich entlang des Gerinnes fortpflanzen. Diese hydraulischen Vorgänge sind einerseits durch die natürliche Variabilität des Abflusses vorgegeben, z. B. bei Hochwasserwellen, sind aber auch wesentliches Attribut des wasserwirtschaftlichen Betriebs von Flusssystemen mit Stauhaltungen.

5.1 Periodische Wellenbewegungen

Je nach Art der Anfangs- und Randbedingungen im Gerinne können sich verschiedene Wellenphänomene ausbilden. Eine kurze Übersicht wird im Folgenden gegeben. Dabei wird der Einfluss der Reibung im allgemeinen vernachlässigt, d. h. es wird angenommen, dass die Wellenbewegungen über begrenzte Distanzen bzw. Zeiten ablaufen.

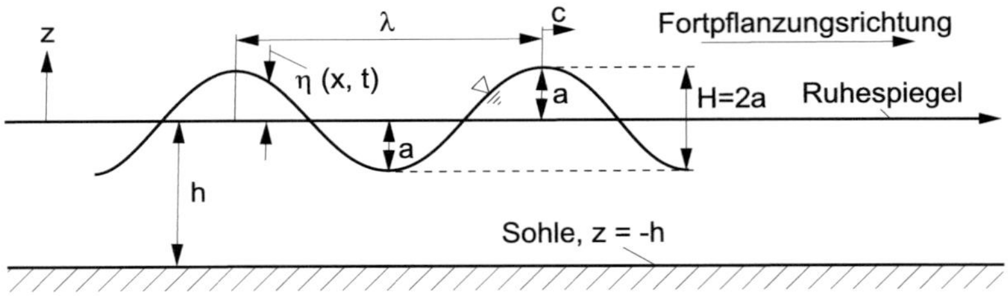

Abb. 5.1: Progressive Oberflächenwelle in ruhendem Wasserkörper

5.1.1 Progressive Wellen in ruhenden Gewässern

Abb. 5.1 gibt ein Definitionsdiagramm für ein periodisches Wellensystem in einem ruhenden Wasserkörper, z. B. Meer, See, Staubecken, mit Tiefe h. Die Wellen haben eine Wellenlänge λ und eine Amplitude a (Wellenhöhe $H = 2a$) und bewegen sich mit der Fortpflanzungsgeschwindigkeit (Schnelligkeit) c in der positiven x-Richtung.

Durch die periodische Wellenbewegung wird ein steter Wechsel zwischen potentieller und kinetischer Energie für die Wasserpartikel an und nahe der Oberfläche erzeugt. Da diese Strömung in erster Näherung reibungsfrei verläuft (mit Ausnahme etwaiger Reibungsverluste in der Grenzschicht nahe der festen Sohle), kann sie als rotationsfreie Potentialströmung (siehe Abschn. 3.7.2HM) analysiert werden (z. B. Ippen, 1966).

Die lineare Wellentheorie für Wellen mit kleiner Amplitude ($a \ll \lambda$; praktisch $a < 0{,}1\lambda$) ergibt eine sinusoidale Wellenform η

$$\eta(x,t) = a \sin\left[\frac{2\pi}{\lambda}(x - ct)\right] \tag{5.1}$$

Die Wellenlänge λ hängt mit der Wellenperiode T über die Schnelligkeit c zusammen,

$$T = \frac{\lambda}{c} \tag{5.2}$$

d. h. zu den Zeiten $t, t+T, t+2T$ usw. wiederholt sich eine bestimmte Wellenphase, z. B. der Wellenberg, an einem fixen Punkt.

Der Welleneinfluss von der Wasseroberfläche nach unten ist abhängig von der Wassertiefe (siehe Abb. 5.2). Ist das Wasser tief (ca. $h > \lambda/2$), so ist der Bewegungseinfluss auf die obere Zone ($\sim \lambda/2$) beschränkt und die Partikelbahnen sind kreisförmig. Ist das Wasser seicht ($h \leq \lambda/20$), so ist die Partikelbewegung gleichmäßig über die ganze Wassertiefe verteilt, und die Bahnen sind flache Ellipsen. Dazwischen besteht ein Übergangsbereich.

Die generelle Beziehung für die Wellengeschwindigkeit ist

$$c^2 = \frac{g\lambda}{2\pi} \tanh \frac{2\pi h}{\lambda} \tag{5.3}$$

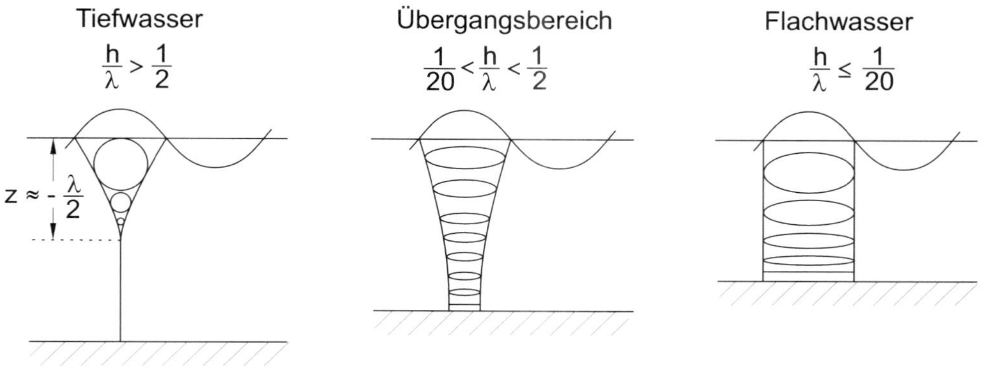

Abb. 5.2: Partikelbahnen im Übergang von Tief- zu Flachwasserwellen (nach Ippen, 1966)

d. h. sie ist sowohl von Wassertiefe als auch Wellenlänge abhängig. Für **Tiefwasser** ($\tanh \frac{2\pi h}{\lambda} \to 1$) ist die Geschwindigkeit

$$c = \sqrt{\frac{g\lambda}{2\pi}} \tag{5.4}$$

nur von der Wellenlänge[1] λ abhängig, während für **Flachwasser** ($\tanh \frac{2\pi h}{\lambda} \to \frac{2\pi h}{\lambda}$)

$$c = \sqrt{gh} \tag{5.5}$$

sie nur von der Wassertiefe abhängig ist. Gl. (5.5) entspricht also auch dem bereits benutzen Resultat für eine kleine Störwelle (siehe Abschn. 1.2.4) im stehenden Gewässer.

Periodische Wellen können sich auf eine Gerinneströmung mit mittlerer Geschwindigkeit V überlagern. In diesem Falle wird die Fortpflanzungsgeschwindigkeit $V \pm c$, je nach Richtung der Wellenpropagation.

Das Tiefwasserregime ist typisch für winderzeugte Wellen in Seen oder auf dem offenen Meer. Diese Wellen bewegen sich „dispersiv", d. h. existieren in einem Wellensystem verschiedene Wellenzüge mit unterschiedlichen Wellenlängen, so werden sich die langen Wellen schneller fortpflanzen als die kürzeren.

Das Flachwasserregime wird erreicht, wenn Windwellen sich in dem seichten Küstenbereich vor Meeren bzw. Seen bewegen. Auch Gezeitenwellen (mit Periode $T = 12{,}4\,\text{h}$) befinden sich immer in diesem Regime. Hier ist zu beachten, dass die Geschwindigkeit abnimmt, je seichter das Wasser in Küstennähe bzw. in einem Ästuar wird (siehe Abb. 5.13). Insbesondere Flachwas-

[1]Wird die Wellenlänge λ aber sehr klein ($\lambda < 2\text{cm}$), so dominiert die Oberflächenspannung über den Schwerkrafteinfluss. Dies ist das Regime der „Kapillarwellen".

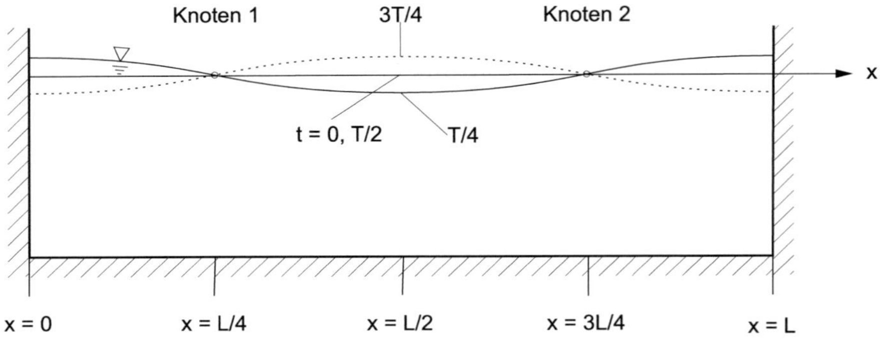

Abb. 5.3: Stehende Welle in Becken mit Länge L: Beispiel eines zwei-modalen Systems

serwellen werden durch die Reibungswirkung an der Gewässersohle mit zunehmender Distanz abgeschwächt.

5.1.2 Stehende Wellen

Wellen, die Gl. (5.1) entsprechen, können von anderen Wellentypen überlagert werden. D. h. verschiedene Wellenzüge mit unterschiedlicher Wellenlänge, Amplitude, Wellenperiode bzw. Fortpflanzungsrichtung verhalten sich additiv und erzeugen ein Wellensystem. Wird z. B. die nach rechts laufende ($+c$) progressive Welle in Abb. 5.1 mit einer nach links laufenden ($-c$) Welle gleicher Länge, Amplitude und Periode überlagert, so ergibt sich ein stehendes Wellensystem, wie in Abb. 5.3 skizziert ist. Die Wellenform ist dann[2]

$$\eta(x,t) = a \sin\frac{2\pi t}{T} \cos\frac{2\pi x}{\lambda} \tag{5.6}$$

Diese Lösung zeichnet sich durch Knoten aus, an denen die Auslenkung immer $\eta = 0$ ist. Das System schwankt wie ein Pendel zwischen Zuständen maximaler potentieller Energie ($t = \frac{1}{4}T, \frac{3}{4}T, ...$) und maximaler kinetischer Energie ($t = 0, \frac{1}{2}T, T, ...$) hin und her. Alle vertikale Linien auf halber Strecke zwischen den Knotenpunkten können im Prinzip vertikale Berandungen sein, da an diesen Linien keine Durchströmung stattfindet. Daher sind nur solche Wellenlängen möglich, die mit der Beckenlänge L

$$\lambda = \frac{2L}{n} \tag{5.7}$$

in Beziehung stehen, wobei $n = 1, 2, 3...$ die Mode (i. e. die Anzahl der Knoten) des Systems ist. Abb. 5.3 zeigt als Beispiel ein zwei-modales System ($\lambda = L$). Wird Gl. (5.7) in (5.2) eingesetzt,

[2]Genau genommen beschreibt Gl. (5.6) die Überlagerung von zwei progressiven Wellen mit Amplitude je $a/2$.

so zeigt

$$T = \frac{2L}{n\sqrt{gh}} \tag{5.8}$$

die möglichen Schwingungsperioden, die bei Flachwasserwellen in solch einem Becken auftreten können.

Wesentliche Anwendungsbereiche von stehenden Wellen sind z. B. die Oszillation von Hafenbecken (hier ist oft ein Knoten als Randbedingung am Hafeneingang, also an der offenen Seite, gegeben) Schwingungen in Seen bzw. geschlossenen Meeresbecken oder halb offenen Meeresbuchten.

Anwendung: Seiches in Seebecken

Insbesondere in flachen Seen, aber auch in Meeresbuchten, können langperiodische Oberflächenwellen, sog. „Seiches" als Nachschwingung von Windeinwirkungen, oft mit beträchtlichen Amplituden, auftreten. Die Anfangssituation ist in Abb. 5.4(a) dargestellt. Wirkt ein starker Wind kontinuierlich in der Längsrichtung des Seebeckens, stellt sich infolge der Windschubspannung τ_w an der Wasseroberfläche allmählich eine Längsneigung des Wasserspiegels, sowie eine schwache interne Zirkulation im Wasserkörper ein. Anwendung der Impulsgleichung in der x-Richtung auf das K.V., unter Vernachlässigung der internen Zirkulationsbewegung, ergibt im stationären Zustand

$$\frac{1}{2}\gamma(h-a)^2 - \frac{1}{2}\gamma(h+a)^2 + \tau_w L = 0 \tag{5.9}$$

so dass sich die Amplitude der Auslenkung folgendermaßen ergibt

$$a = \frac{\tau_w L}{2\gamma h} \tag{5.10}$$

Die Windschubspannung ist dabei durch einen quadratischen Reibungsansatz gegeben

$$\tau_w = c_D \rho_a U_{10}^2 \tag{5.11}$$

wobei $c_D \approx 1{,}1 \times 10^{-3}$ der Reibungsbeiwert (DVWK, 1999), ρ_a die Luftdichte und U_{10} die Windreferenzgeschwindigkeit (gemessen bei 10 m Masthöhe) sind.

Nach Abflauen des Windes stellt die Amplitude nach Gl. (5.10) demnach den Anfangszustand ($t = 0$) für die ein-modale Seiche im Seebecken dar. Deren Periode ergibt sich nach Gl. (5.9) mit $n = 1$. Solche Schwingungen können einige Zeit andauern (1–2 Tage), bis sie aufgrund der Reibung an der Beckensohle und -berandung allmählich abklingen.

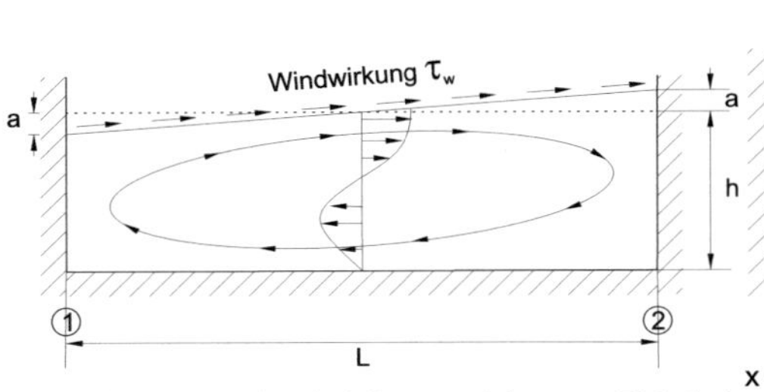

(a) Anfangszustand: Wind Set-up mit interner Zirkulation

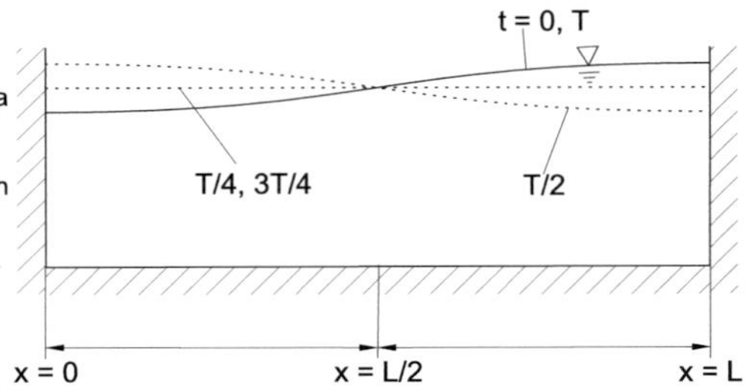

(b) Ein-modale Seiche

Abb. 5.4: Erzeugung einer wind-induzierten Seiche in einem Seebecken

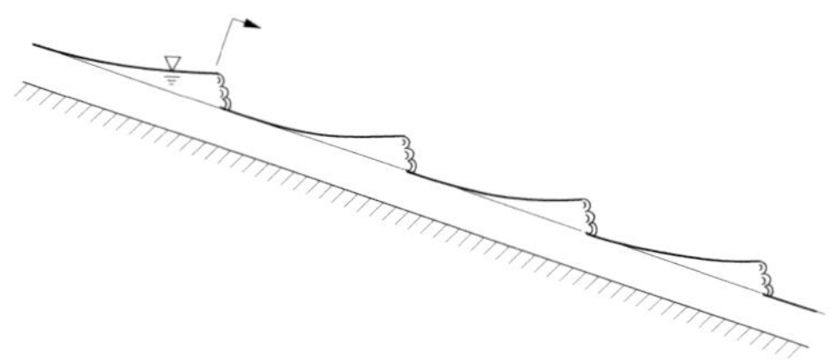

(a) Prinzipskizze

(b) Fotografie stromauf blickend

Abb. 5.5: Bildung von Rollwellen in steilen Gerinnen mit schießendem Abfluss

5.1.3 Rollwellen in schießendem Abfluss

Bei schießendem Abfluss in Schussrinnen bzw. Regenabflussrinnen an Straßenrändern kann eine an sich stationäre Strömung in eine pulsförmige Bewegung übergehen (siehe Abb. 5.5). Die Strömung konzentriert sich demnach in Rollen bzw. Fluidpaketen, die lokal brechen und in regelmäßigen Abständen das Gerinne hinabströmen.

Diese wellenartige Strömungsform resultiert aus einer inhärenten Instabilität der Scherströmung in Wechselwirkung mit der verformbaren Oberfläche (Henderson, 1966). Das Kriterium

$$\mathrm{Fr} > 2 \tag{5.12}$$

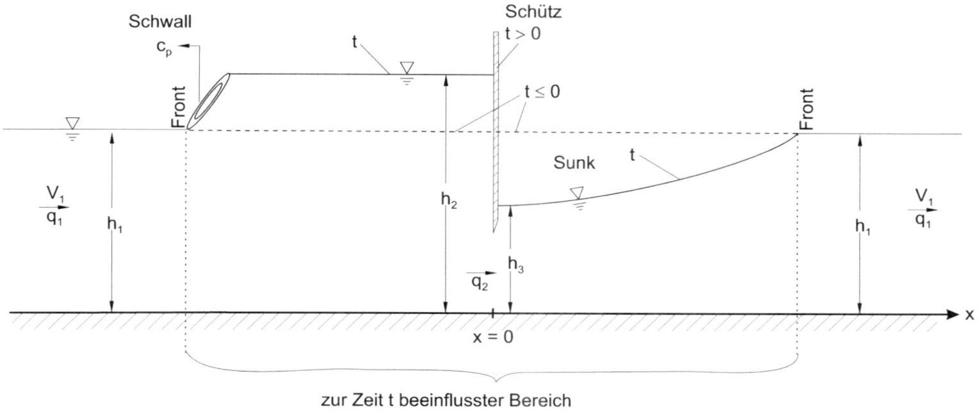

Abb. 5.6: Erzeugung von Schwall bzw. Sunk durch plötzliches Einfahren eines Schützes

ist eine notwendige Bedingung für das Auftreten dieser Instabilitäten.

5.2 Schwall- und Sunkwellen

Abb. 5.6 zeigt den Anfangszustand einer Gerinneströmung im lokalen Bereich, d. h. über kurze Distanzen ohne Energiegradienten. Das Gerinne hat einen Durchfluss $q_1 = V_1 h_1$. Zur Zeit $t = 0$ wird ein Schütz plötzlich bis auf die Schützöffnung s eingefahren. Dadurch reduziert sich der Durchfluss im Schützbereich auf $q_2 < q_1$ und unmittelbar oberhalb bzw. unterhalb stellen sich die Wassertiefen h_2 bzw. h_3 ein.

Aufgrund dieser Durchflussreduzierung propagiert eine positive Druckwelle, der Schwall, nach oberstrom, während eine negative Druckwelle, der Sunk, sich allmählich unterstromig ausbreitet.

5.2.1 Schwall: Bewegter Wechselsprung

Der Schwall ist eine abrupte Wellenfront die ähnlich dem Wechselsprung mit Energiedissipation sich mit einer Fortpflanzungsgeschwindigkeit c_p gegen die Strömung im Oberwasser bewegt. Wird ein bewegtes K. V. verwendet (Abb. 5.7), so kann mit dem Impulsansatz analog zu Gl. (3.43) und der Kontinuitätsgleichung die Schwallschnelligkeit mit

$$c_p = \sqrt{gh_1}\left[\frac{h_2}{2h_1}\left(1+\frac{h_2}{h_1}\right)\right]^{\frac{1}{2}} - V_1 \tag{5.13}$$

bestimmt werden.

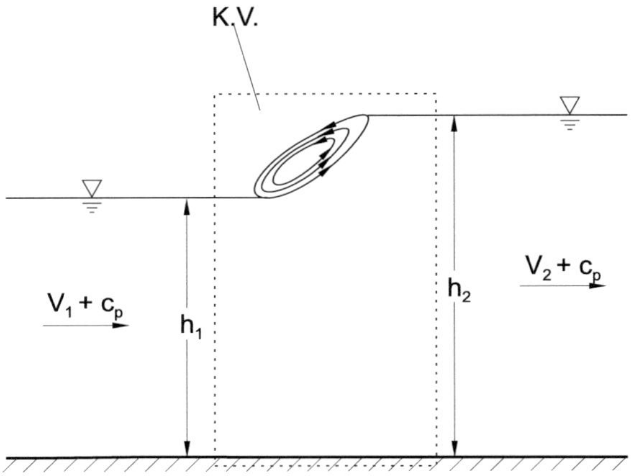

Abb. 5.7: Schwall als bewegter Wechselsprung: Mitfahrendes K.V.

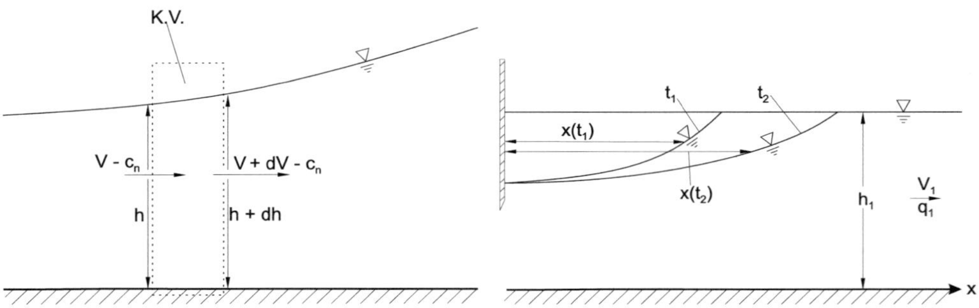

(a) Differentielles K.V., Geschwindigkeiten relativ zu mitfahrendem Beobachter

(b) Sunkprofil $x(t)$

Abb. 5.8: Analyse der Sunkströmung

Im Prinzip ist Gl. (5.13) auch im ruhenden Medium gültig, d. h. wenn der Schwall z. B. durch eine ruckartige Bewegung nach links an der rechten Berandung (bei $x = 0$) erzeugt wird. Da $h_2 \gg h_1$, ist demnach die Geschwindigkeit der finiten Schwallwelle größer als die einer infinitesimalen Flachwasserwelle, $c = \sqrt{gh_1}$.

5.2.2 Sunkbewegung

Der Sunk dagegen ist eine allmähliche Wellenbewegung, da sich Strömungen im etwas tieferen Wasser (i. e. rechte Seite des differentiellen K. V. in Abb. 5.8(a)) schneller bewegen als im seichteren Wasser (linke Seite).

Für das lokale K. V., das sich mit Geschwindigkeit c_n nach rechts bewegt, gilt die Kontinuitätsgleichung

$$(V-c_n)h=(V+dV-c_n)(h+dh) \tag{5.14}$$

und die Impulsgleichung

$$\frac{1}{2}\gamma h^2-\frac{1}{2}\gamma(h+dh)^2=\rho(V-c_n)h[(V+dV-c_n)-(V-c_n)] \tag{5.15}$$

unter Vernachlässigung der Bodenreibung. Aus diesen Gleichungen resultieren jeweils

$$\frac{dV}{dh}=\frac{c_n-V}{h} \tag{5.16a}$$

und

$$\frac{dV}{dh}=\frac{g}{c_n-V} \tag{5.16b}$$

wobei nur differentielle Terme 1. Ordnung beibehalten wurden. Lösung nach c_n-V in beiden Gleichungen

$$c_n-V=h\frac{dV}{dh}=\frac{g}{dV/dh} \tag{5.17}$$

führt zu

$$\frac{dV}{dh}=\sqrt{\frac{g}{h}} \tag{5.18}$$

also der Differentialgleichung des Sunkes. Integration ergibt

$$V=2\sqrt{gh}+\text{const.}$$

Die Integrationskonstante wird mit der Randbedingung ($h=h_1, V=V_1$) an der Wellenfront ausgewertet, so dass die Fließgeschwindigkeit im Sunk

$$V=V_1-2\left(\sqrt{gh_1}-\sqrt{gh}\right), \tag{5.19}$$

also Funktion der Wassertiefe ist.

Einsetzen von Gl. (5.18) in (5.17) und Verwendung von Gl. (5.19) gibt die Geschwindigkeit im Sunkbereich

$$c_n=V_1-2\sqrt{gh_1}+3\sqrt{gh}, \tag{5.20}$$

also auch eine Funktion der lokalen Wassertiefe h. Daraus ergibt sich das Sunkprofil als Funktion der Zeit und Wassertiefe

$$x(h,t) = c_n t = \left(V_1 - 2\sqrt{gh_1} + 3\sqrt{gh}\right) t \tag{5.21}$$

wie in Abb. 5.8(b) qualitativ gezeigt ist.

Ein genaues Erfassen der Schwall- bzw. Sunkbegrenzungen ist u. a. Voraussetzung für die Bewirtschaftung von Wasserkraftwerksketten in Flüssen, wo ein Stauraum in den anderen übergeht. Da diese Kraftwerke nach Energiebedarf variabel betrieben werden, müssen die daraus resultierenden Wellenbewegungen entsprechend berücksichtigt werden. Verlaufen diese Wellen über längere Strecken, so muss auch die Reibungsdämpfung an der Gewässersohle mitberücksichtigt werden.

5.2.3 Dammbruchwelle

Ein Spezialfall des Sunkes ist die sog. Dammbruchwelle, d. h. das Absinken der anfänglich ruhenden Wassermassen aus einem Staubecken, wenn der Damm zur Zeit $t = 0$ plötzlich und vollständig entfernt wird.

Abb. 5.9 zeigt die Definitionsskizze mit Ausfließen nach links, um die Analogie zum Sunkprofil in Abb. 5.8 zu betonen. Das Wasser im Staubecken ruht, $V_1 = 0$, so dass Gl. (5.19) bis (5.21) zu

$$V = -2\left(\sqrt{gh_1} - \sqrt{gh}\right) \tag{5.22}$$

$$c_n = -2\sqrt{gh_1} + 3\sqrt{gh} \tag{5.23}$$

$$x = \left(-2\sqrt{gh_1} + 3\sqrt{gh}\right) t \tag{5.24}$$

führen. Dies ergibt eine Wasserbewegung nach links, während sich die Welle, also das Wasserspiegelprofil, sowohl ins Staubecken (nach rechts) als auch ins Unterwasser (nach links) bewegt. Interessant sind drei wesentliche Positionen: (1) An der ursprünglichen Dammposition ($x = 0$) sind nach Gl. (5.24) die Wassertiefe

$$h = \frac{4}{9} h_1 \tag{5.25a}$$

und auch die Fließgeschwindigkeit

$$V = -\frac{2}{3}\sqrt{gh_1} \tag{5.25b}$$

konstant. (2) Die Rücklauffront ($h = h_1$) im Staubecken propagiert nach Gl. (5.23) mit

$$c_n(h_1) = \sqrt{gh_1} = c_f \tag{5.26}$$

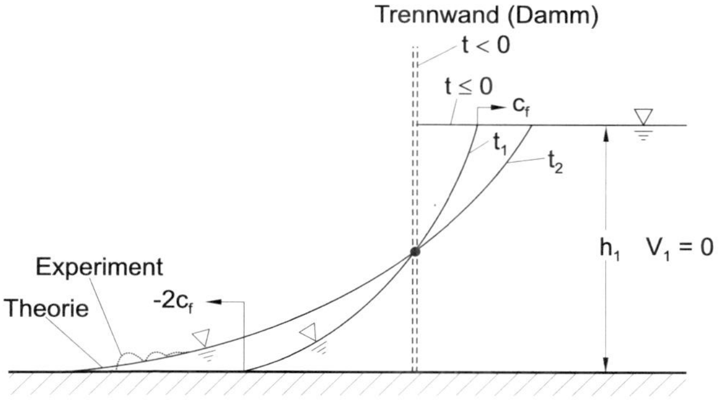

Abb. 5.9: Dammbruchwelle: Definitionsskizze

(3) Die Vorlauffront ($h = 0$) im Unterwasser (eigentlich Freiland) propagiert nach Gl. (5.23) mit

$$c_n(0) = -2\sqrt{gh_1} = -2c_f \tag{5.27}$$

nach rechts, also doppelt so schnell wie die Rücklauffront.

Diese Ansätze sind fundamentale, aber stark idealisierte Abschätzungen für Risikoanalysen von Dämmen und Bauwerken, wie sie in der wasserwirtschaftlichen Praxis vermehrt gefordert werden. Die Vorlauffrontgeschwindigkeit nach Gl. (5.26), die für Evakuierungsmaßnahmen der Unterlieger eine kritische Größe ist, ist im allgemeinen wesentlich zu hoch, da Reibung in dieser dünnen Fluidschichte eine wesentliche Rolle spielt. Experimente zeigen eine aufgehäufte und verlangsamte Vorlauffront (siehe Vischer und Hager, 1999). Selbstverständlich sind auch der zeitliche Ablauf des allmählichen Dammversagens sowie eine schon vorhandene Strömung im Unterwasser (also nicht trockenes Flussbett) in der Praxis zu berücksichtigen.

5.2.4 Einzelwelle (Soliton)

Eine weitere besondere Wellenform kann in einem Gerinne erzeugt werden, wenn z.B. eine Trennwand wie in Abb. 5.9 ruckartig um einen bestimmten Betrag bewegt (nach rechts in Abb. 5.9) wird. Dadurch entsteht eine Einzelwelle, sog. Soliton, die sich dann mit konstanter Form im Gerinne bewegt. Solche Wellen können u.a. auch beim Stoppen bzw. Anfahren von Schiffen in engen Wasserstraßen (Kanälen) durch die Volumenverdrängung des Schiffes entstehen.

Abb. 5.10 zeigt die Form $\eta(x,t)$ des Solitons mit der Höhe a des Wellenbergs mit der analyti-

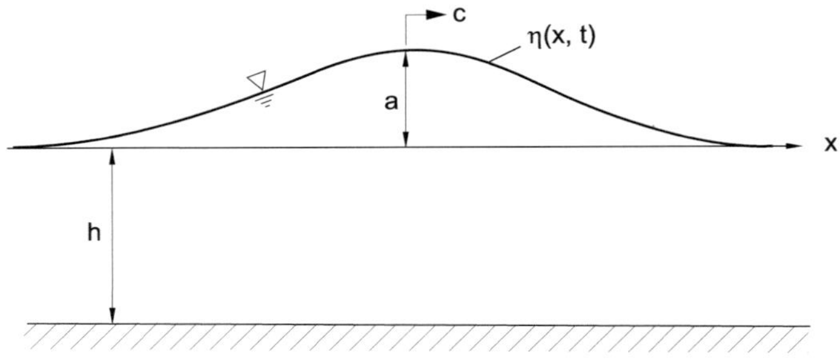

Abb. 5.10: Einzelwelle (Soliton) mit konstanter Wellenform

schen Funktion (Ippen, 1966)

$$\eta(x,t) = a \operatorname{sech}^2 \left[\sqrt{\frac{3a}{4h^3}} (x - ct) \right] \tag{5.28}$$

wobei sech[ ] die hyperbolische Sekansfunktion, sech[ ] $= 1/\cosh[\;]$ ist. Das im Wellenberg enthaltene und somit mitbewegte Volumen pro Breiteneinheit ist

$$\mathcal{V} = \left(\frac{16}{3} h^3 a \right)^{1/2} \tag{5.29}$$

und die Geschwindigkeit der Einzelwelle

$$c = \sqrt{g(h+a)} \tag{5.30}$$

also schneller als die infinitesimale Flachwasserwelle. Maximale Wellenhöhen, die experimentell erzeugt werden konnten, sind $a_{\max} \simeq 0{,}7h$.

Das Soliton bewegt sich in konstanter Form über große Entfernungen fort, wird aber auch allmählich durch Reibung gedämpft. Einzelwellen dieser Art können auch an der Meeresoberfläche propagieren, z. B. ausgelöst durch Erdbebenbewegungen am Meeresboden (sog. Tsunamis).

5.3 Flutwellen

Ein wichtiges Anwendungsgebiet der Gerinnehydraulik ist die Vorhersage von allmählichen Abflussvorgängen in Flüssen bzw. Flusssystemen, die durch örtlich und zeitlich verteilte Niederschlagsereignisse erzeugt werden und dann über variable Zeitskalen – von Stunden bei kleinen Bächen über Tage bis Wochen bei großen Flüssen – im Gerinne als Flut- oder Hochwasserwellen ablaufen. Insbesondere müssen mathematische Modellansätze entwickelt und gelöst werden, die es erlauben vorherzusagen, wie eine anfänglich vorgegebene Flutwelle (siehe Abb. 5.11) über Zeit und Distanz im Gerinne abläuft. Insbesondere sind der Einfluss der Gerinnereibung und der Gerinnegeometrie (z. B. durch Speicherwirkung in Überflutungsflächen) dafür verantwortlich, dass die Amplitude der Flutwelle gedämpft, während die Wellenform ausgebreitet wird, wie in Abb. 5.11 qualitativ skizziert ist.

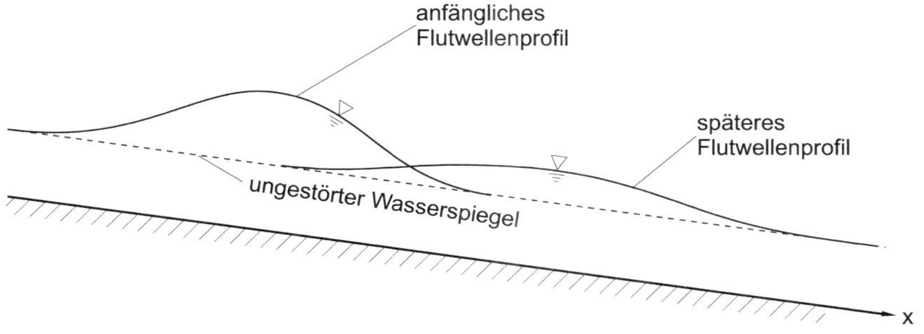

Abb. 5.11: Dämpfung und Ausbreitung einer Flutwelle im Gerinne (Welle stark überhöht gezeichnet)

Typischerweise zeigt die oberstromige Abflussganglinie infolge eines Starkniederschlages ein rasches Ansteigen und ein relativ langsames Abfallen als Funktion der Zeit. Bei großen Einzugsgebieten können sich aber Hochwasserabflüsse aus verschiedenen Teilen überlagern. So zeigt z. B. Abb. 5.12 die Ganglinien für das Hochwasser am Rhein vom Dezember 1993. Beim Pegel Vynen-Rees nahe der niederländischen Grenze tritt eine erste Flutwelle mit Abflussspitze am 16.–17. Dezember auf, gefolgt von einer zweiten starken Flutwelle mit Spitze am 23. Dezember.

Ein weiteres Beispiel zum allmählichen und lang gestreckten Verlauf der Flutwellendynamik zeigt Abb. 5.13 für das Februar/März 1975-Hochwasser im niederländischen Rhein von der deutschen Grenze bis zur Nordsee. Das Maximum der Flutwelle propagiert über mehrere Tage bis zur Mündung in die Nordsee, das Wellenmaximum nimmt ab. Sichtbar ist auch der Einfluss der Gezeitenwelle beim Pegel Schornhaven, also etwa 50 km landeinwärts.

5.3.1 Eindimensionale Modellbildung: Saint-Venant-Gleichungen

Abb. 5.14 zeigt ein generelles nicht-prismatisches Gerinne mit komplexer Geometrie. Was das Abflussverhalten betrifft, so bestehen die Gerinnequerschnitte aus der aktiv durchströmten Durchflussfläche (eigentlich Flussbett) sowie – je nach Wasserstand – von anliegenden Speicherzonen. In diesen Speichervolumina können wohl Zu- und Rückströmungen aus dem Hauptgerinne, also Zirkulationsströmungen, auftreten, es findet aber keine Nettodurchströmung

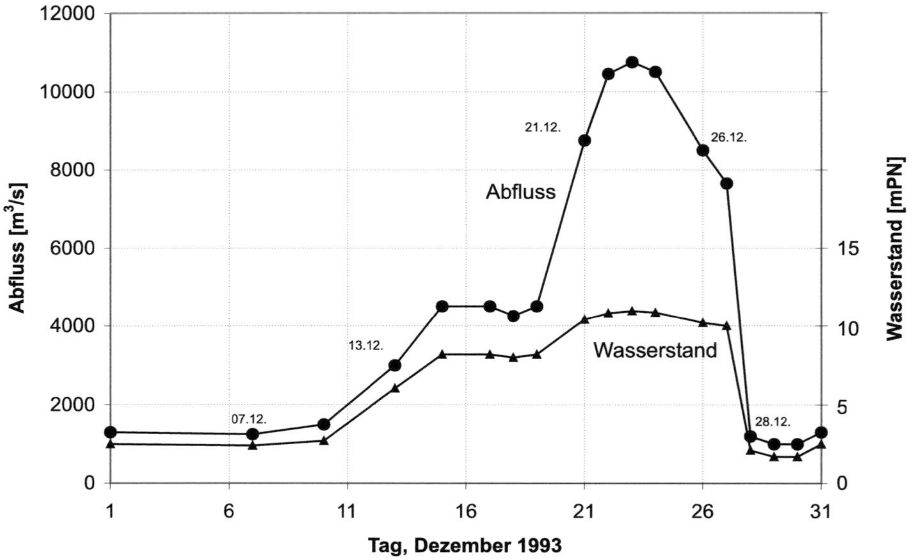

Abb. 5.12: Ganglinien für Abfluss und Wasserstand für Dezember-Hochwasser 1993 am Rhein für Pegel Vynen-Rees (Rhein-km 829,7)

in der Fließrichtung x statt. Solche Speicher- bzw. Totwasserzonen können z. B. durch Altarme, Buhnenfelder bei geregelten Flüssen, sowie Überschwemmungspolder, gegeben sein. Des weiteren kann der Durchfluss im Gerinne durch seitlichen Zufluss $q_s(x,t)[\mathrm{m}^2/\mathrm{s}]$ zunehmen. Dies stellt das Abfließen aus dem umliegenden Gelände sowie aus kleinen, nicht explizit erfassten Seitenzuflüssen dar.

Die Strömungssituation in Abb. 5.14 wird im Prinzip durch komplexe dreidimensionale Strömungsvorgänge beherrscht. Bei einer mathematisch eindimensionalen Strömungsbeschreibung müssen demnach einige vereinfachende Annahmen (sog. „Modellbildung“) getroffen werden, wie im Folgenden gezeigt wird.

Die Volumenerhaltung für das in Abb. 5.14(a) und 5.14(c) gezeigte K.V. mit Länge Δx und Breite B_s lautet über das Zeitintervall Δt

$$\frac{\partial h}{\partial t} B_s \Delta x \Delta t = -\frac{\partial Q}{\partial x} \Delta x \Delta t + q_s \Delta x \Delta t \tag{5.31}$$

wobei B_s die gesamte Breite, einschließlich Speicherzone, darstellt. Daraus ergibt sich die Kontinuitätsgleichung

$$B_S \frac{\partial h}{\partial t} + \frac{\partial Q}{\partial x} = q_s \tag{5.32}$$

Der Durchfluss Q bezieht sich auf den aktiven Querschnitt A, mit mittlerer Geschwindig-

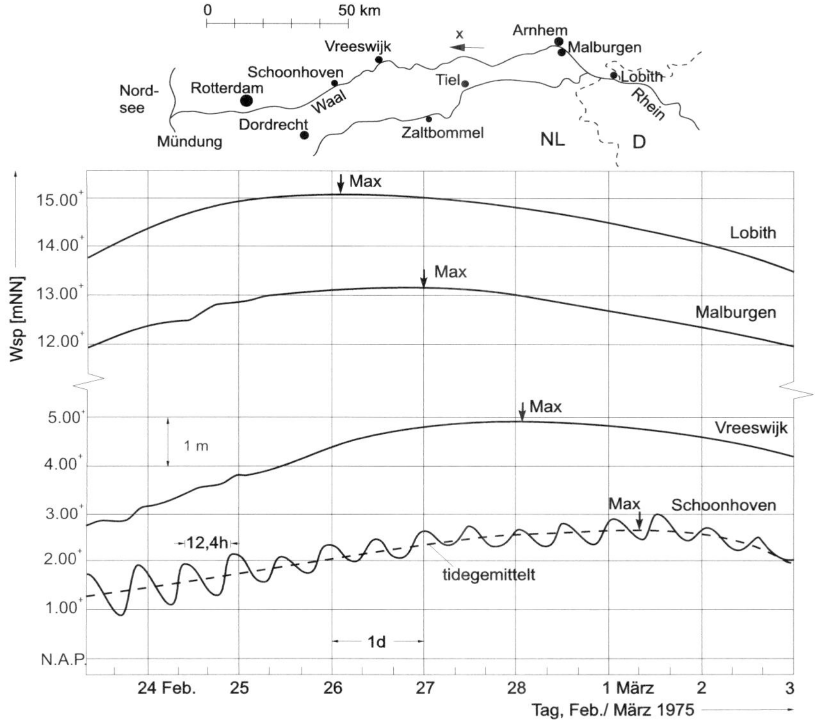

Abb. 5.13: Propagation der Hochwasserwelle vom Feb./März 1975 im niederländischen Rhein (Waal)

keit $V = Q/A$. Der Gesamtimpuls im K.V. ist $\rho AV\Delta x$ und der Gesamtimpulsfluss $\beta\rho AV^2\Delta x$, beide auf die aktive Querschnittsfläche bezogen. β ist der Impulsungleichförmigkeitsfaktor. Demnach kann die eindimensionale Impulsgleichung, Gl. (4.40aHM), für das K.V. als

$$\frac{\partial}{\partial t}(\rho AV)\Delta x + \frac{\partial}{\partial x}\left(\rho\beta AV^2\right)\Delta x = \sum_{\text{K.V.}} F_x \tag{5.33}$$

formuliert werden. Die auf das K.V. in Fließrichtung wirkenden Kräfte können mit folgenden Annahmen angeschrieben werden:

1. Gewichtskraft $= +\rho g A\Delta x I_o$ wirkt nur im aktiven Querschnitt, nicht in den Speicherzonen.
2. Netto-Druckkraft $= -\rho g A\left(\partial h/\partial x\right)\Delta x$ wird im lokal prismatischen Gerinne angenommen, also $A \approx$ konst.. Eventuelle Effekte durch starke Querschnittsänderungen werden durch lokale Reibungsverluste beschrieben (siehe nächster Term).
3. Reibungskraft $= -\rho g A\Delta x I_e$ ist proportional zum lokalen Energiegefälle I_e der ungleichförmigen Strömung.

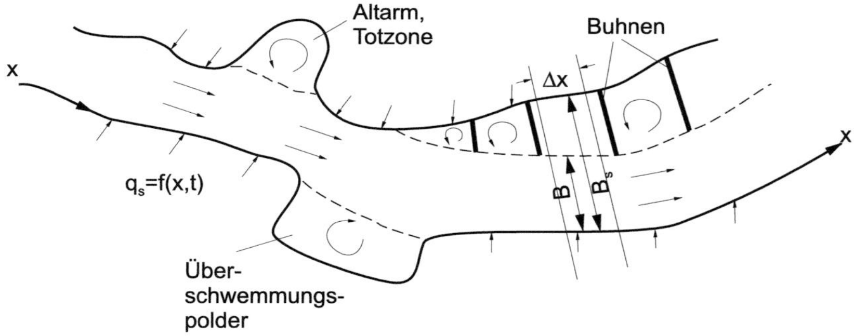

(a) Draufsicht

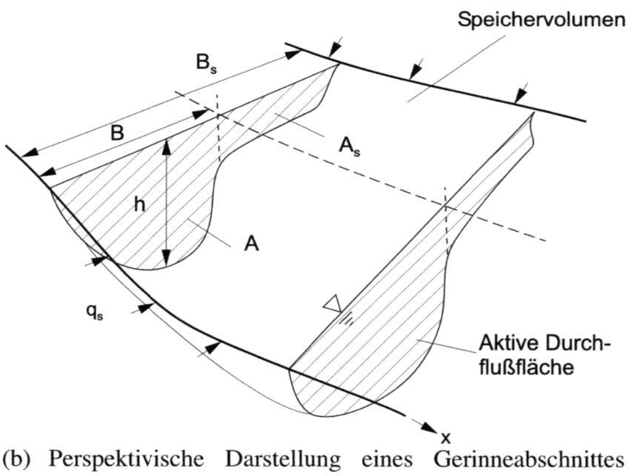

(b) Perspektivische Darstellung eines Gerinneabschnittes (K.V.)

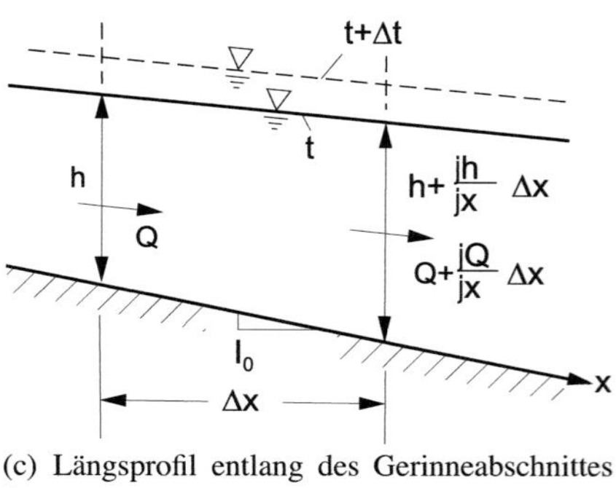

(c) Längsprofil entlang des Gerinneabschnittes Δx

Abb. 5.14: Instationärer Abfluss in einem generellen nicht-prismatischen Gerinne mit aktiver Durchflussfläche und nicht durchströmten Speicherzonen

4. Impulsflusseintrag durch lokale Zuströmung wird vernachlässigt.
5. Zentrifugalkraft durch Krümmungseffekte wird vernachlässigt.

Werden diese Terme in Gl. (5.33) eingesetzt, so ergibt sich nach Division durch Δx und ρ (mit $\beta \approx 1$)

$$\frac{\partial (AV)}{\partial t} + \frac{\partial (AV^2)}{\partial x} = gAI_o - gA\frac{\partial h}{\partial x} - gAI_e \tag{5.34}$$

bzw. mit dem Durchfluss Q als Variable

$$\frac{\partial Q}{\partial t} + \frac{\partial}{\partial x}\left(\frac{Q^2}{A}\right) + gA\frac{\partial h}{\partial x} = gA(I_o - I_e) \tag{5.35}$$

Das Gleichungssystem, Gl. (5.32) und (5.35)), sind die sog. Saint-Venant-Gleichungen für instationären Gerinneabfluss. Die zwei Unbekannten in den beiden Gleichungen sind $A(x,t)$ und $Q(x,t)$, wobei die zusätzlichen Variablen, z.B. h und I_e, jeweils bekannte Funktionen von A bzw. Q sind.

Zur Lösung dieser partiellen Differentialgleichungen benötigt man die Anfangsbedingung

$$t = 0 \; : \; A = f(x), Q = f(x) \tag{5.36a}$$

sowie als Randbedingungen, die Zuflussbedingungen am Beginn des Gerinnes

$$x = 0 \; : \; A_o = f(t), Q_o = f(t) \tag{5.36b}$$

und die Abflussbedingungen am Ende

$$x = L \; : \; A_L = f(t) \text{ bzw. } \left.\frac{\partial A}{\partial x}\right|_{x=L} = f(t), Q_L = f(t) \text{ bzw. } \left.\frac{\partial Q}{\partial x}\right|_{x=L} = f(t) \tag{5.36c}$$

Die Gradienten in Gl. (5.36c) können z.B. das Ausfließen in einen See bzw. das Meer, hier $\partial Q/\partial x = 0$, beschreiben (siehe Abb. 5.13).

5.3.2 Eindimensionale Modelle: Numerische Lösungsmethoden

Die Integration der Saint-Venant-Gleichung, um das Abflussverhalten über Raum und Zeit vorherzusagen, ist nur mit numerischen Methoden möglich. Sie ist wegen der starken Nicht-Linearität des Gleichungssystems im allgemeinen ein schwieriges und aufwändiges Unterfangen, obwohl zunehmende Rechnerleistungen den praktischen Einsatz erleichtern.

Aus diesem Grund wird die Impulsgleichung oft in vereinfachter Form gelöst, was im Folgenden für den Spezialfall ohne seitliche Zuströmung ($q_s = 0$) und ohne zusätzliche Speicherzonen ($B_s = B$) erläutert wird.

Die Kontinuitätsgleichung erscheint als

$$\frac{\partial A}{\partial t} + \frac{\partial Q}{\partial x} = 0 \tag{5.37}$$

Um die Wechselwirkung verschiedener Terme relativ zum Reibungssystem zum Ausdruck zu bringen, wird die Impulsgleichung in folgender Form geschrieben

$$\underbrace{\underbrace{\overbrace{I_e = I_o}^{\substack{\text{stationär, gleichförmig} \\ \text{„Kinematische Welle“}}} - \frac{\partial h}{\partial x} - \frac{1}{gA}\frac{\partial}{\partial x}\left(\frac{Q^2}{A}\right)}_{\substack{\text{stationär, ungleichförmig} \\ \text{„Diffusionswelle“}}} - \frac{1}{gA}\frac{\partial Q}{\partial t}}_{\substack{\text{instationär, ungleichförmig} \\ \text{„Dynamische Welle“}}} \tag{5.38}$$

Um Wellenpropagationen im Gerinne zu untersuchen, muss die Kontinuitätsgleichung immer in ihrer vollen instationären Form, Gl. (5.37), verwendet werden. Dazu können aber verschiedene Approximationsgrade der Impulsgleichung, Gl. (5.38), verwendet werden:

Kinematische Wellen:

Hier wird die Impulsgleichung als einfaches Gleichgewicht zwischen Reibung und Schwerkraft, also einer lokal gleichförmigen Strömung entsprechend (siehe Kap. 2), angesetzt. Daraus resultiert die Theorie der „Kinematischen Welle“, die bei instationären Abflussberechnungen von freien Oberflächen (z. B. Freiland oder Parkplätze) eingesetzt werden kann.

Eine weitere Vereinfachung der Kontinuitätsgleichung, welche die Speicherwirkung mit zunehmender Wassertiefe im Gerinne selbst angibt, führt zu den sog. „hydrologischen Verfahren“ der Flutwellenpropagation (engl. „flood routing“), die für Gerinnesysteme in kleinen Einzugsgebieten in der Praxis verwendet werden.

Dynamische Wellen:

Die Approximation der Impulsgleichung mit den Termen, die einer stationären ungleichförmigen Strömung (siehe Kap. 4) entsprechen, führt zur Theorie der „dynamischen Welle“ für instationär ungleichförmige Strömung. Während bei der kinematischen Welle die Wellenfortpflanzung nur in Fließrichtung ($+x$) möglich ist, kann sich die dynamische Welle auch gegen die Fließrichtung (also $\pm x$) fortpflanzen.

Voll instationäre Strömungen: Charakteristiken-Methode:

Die Methode der Charakteristiken wird zur Lösung des Gleichungssystems mit der vollen Impulsgleichung, Gl. (5.37) und (5.38), in numerischer Näherung eingesetzt, um über diskrete Zeitschritte Δt die Wellenpropagation im x-Raum (abgebildet durch Δx-Schritte) zu berechnen.

In der wasserwirtschaftlichen Praxis stehen dafür einige Programmpakete mit diversen Benutzeroberflächen zur Verfügung:

- Programm Delft1D2D (Delft Hydraulics, Niederlande; `http://www.wldelft.nl`)
- Programm Mike 11 (Danish Hydraulic Institute, Dänemark; `http://www.dhisoftware.com/mike11`)
- Programm TELEMAC-2D (Laboratoire National d'Hydraulique, Frankreich; `http://www.telemacsystem.com`)
- Programm CASCADE (`http://www.baw.de`)
- Programm HEC (`http://www.ifh.uni-karlsruhe.de/lehre/studienarbeiten`)

Ähnlich zu den schon in Abschn. 4.3.3 erwähnten geometrischen Details der Querschnittsform sowie Rauheitsverteilungen entlang des Gerinnes können auch diese Programme diverse Komplexitäten berücksichtigen.

5.3.3 Ausblick: Mehrdimensionale numerische Modelle

Die in diesem Skript zusammengefasste eindimensionale „Gerinnehydraulik" ist grundlegende Voraussetzung für die ingenieurtechnische Bemessung von Gerinnen und Gerinnebauwerken. In der wasserbaulichen Praxis stehen als zusätzliche Hilfsmittel zunehmend zwei- bzw. dreidimensionale numerische Modellwerkzeuge zur Verfügung. Diese können eingesetzt werden, um Strömungsprobleme bei hoch komplexen Bauwerks- bzw. Gewässergeometrien zu lösen, insbesondere wenn die Strömungsverhältnisse im Querschnitt derart ungleichmäßig sind, z. B. mit starken Rückströmzonen, dass eine eindimensionale Mittelung nicht mehr sinnvoll ist.

Ein Überblick über Einsatz, Modellbildung und Lösungsmethoden für Gerinneströmungen wird in DVWK (1999) gegeben: Anwendungen sind u. a. wind- und tideinduzierte Strömungen in

Küstengewässern, Ästuarien oder Seen; Damm- bzw. Deichbruchwellen mit sukzessiver Überschwemmungsfront; Durch-, Über-, Unter- oder Umströmung von Bauwerken und Einleitungen bzw. Zuströmungen in Gewässer.

Anhang A

Genauigkeit der Manning-Strickler-Fließformel

Folgende zwei Vergleiche zeigen, dass die Manning-Strickler-Fließformel trotz ihres empirischen Charakters eine Annäherung an die Darcy-Weisbach-Fließformel darstellt, allerdings auf das für die Praxis akzeptable turbulente, hydraulisch raue Regime beschränkt.

1. Wird der explizite Ansatz nach Strickler für die Gerinnerauheit, Gl. (2.18), in die Manning-Strickler-Gl. (2.17) eingesetzt, so resultiert

$$V = 26\left(\frac{R_h}{d_{90}}\right)^{\frac{1}{6}} R_h^{\frac{1}{2}} I_o^{\frac{1}{2}} = \frac{26}{4^{\frac{1}{6}}(8g)^{\frac{1}{2}}}\left(\frac{4R_h}{d_{90}}\right)^{\frac{1}{6}} (8g)^{\frac{1}{2}} R_h^{\frac{1}{2}} I_o^{\frac{1}{2}}$$

und nach der Auswertung, $(8g)^{1/2} = 8{,}86\ \mathrm{m}^{1/2}/\mathrm{s}$ ergibt sich eine Gleichungsform

$$V = \left\{\frac{2{,}33}{[d_{90}/(4R_h)]^{1/6}}\right\} (8g)^{\frac{1}{2}} R_h^{\frac{1}{2}} I_o^{\frac{1}{2}}$$

die analog zur Darcy-Weisbach-Gl. (2.14) zu sehen ist. Wird der Klammerausdruck auf der rechten Seite invertiert und quadriert, so ergibt sich eine Abschätzung nach Manning-Strickler für den Reibungsbeiwert

$$\lambda_{\mathrm{MS}} = 0{,}184\left(\frac{d_{90}}{4R_h}\right)^{\frac{1}{3}}$$

Nimmt man d_{90} als repräsentativ für die absolute Rauheit k_s an, so kann diese empirisch fundierte Abschätzung für λ mit der präziseren Gleichung für das hydraulisch raue Regime, Gl. (2.16), verglichen werden. Abb. A.1 zeigt, dass sich die Abweichungen in einem weiten Bereich der relativen Rauheit, $0{,}001 < k_s/4R_h < 0{,}1$, auf unter $\pm$ 10% beschränken.

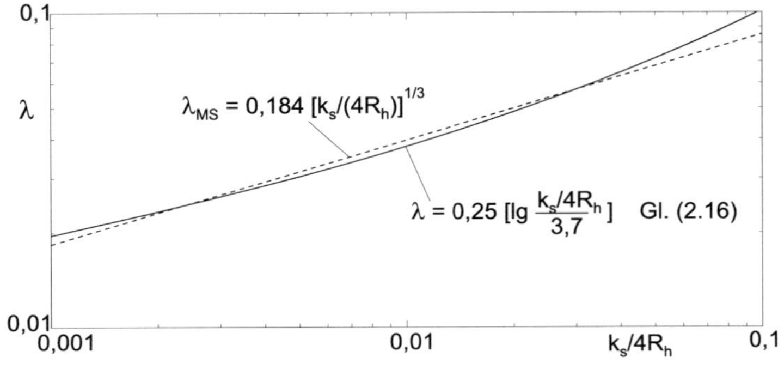

Abb. A.1: Vergleich des Reibungsbeiwertes λ für das hydraulisch raue Regime mit der Abschätzung nach der Manning-Strickler-Fließformel.

2. Die Tatsache, dass der k_{St}-Beiwert ein Gerinne fix und unabhängig vom Wasserstand ($\sim R_h$) beschreibt, während der λ-Beiwert sich als Funktion von R_h ändert, sei hier weiter untersucht. Angenommen, beide Fließformeln hätten für einen Referenzfall (Subskript R, z. B. Mittelwasser) exakte Übereinstimmung für ein bestimmtes Gerinne mit Neigung I_o

$$V_R = \left(\frac{8g}{\lambda_R}\right)^{\frac{1}{2}} R_{h,R}^{\frac{1}{2}} I_o^{\frac{1}{2}}$$

$$V_R = k_{\text{St},R}\, R_{h,R}^{\frac{2}{3}} I_o^{\frac{1}{2}}$$

wie ändert sich die mittlere Geschwindigkeit V bei Abweichungen des Wasserstandes, also bei größeren $R_h > R_{h,R}$ (z. B. Hochwasser) oder bei kleineren $R_h < R_{h,R}$ (z. B. Niedrigwasserabfluss)? Dazu werden die Fließformeln Gl. (2.14) bzw. (2.17) durch die Referenzverhältnisse dividiert, so dass nach Darcy-Weisbach mit hydraulisch rauen Verhältnissen (Gl. (2.16)) die Variabilität

$$\left.\frac{V}{V_R}\right|_{DW} = \frac{lg\frac{3,7}{k_s/(4R_h)}}{lg\frac{3,7}{k_s/(4R_{h,R})}} \left(\frac{R_h}{R_{h,R}}\right)^{\frac{1}{2}} = \left[1 + \frac{lg\frac{R_h}{R_{h,R}}}{lg\frac{3,7}{k_s/(4R_{h,R})}}\right] \left(\frac{R_h}{R_{h,R}}\right)^{\frac{1}{2}}$$

und nach Manning-Strickler die Variabilität

$$\left.\frac{V}{V_R}\right|_{MS} = \frac{k_{\text{St}}}{k_{\text{St},R}} \left(\frac{R_h}{R_{h,R}}\right)^{\frac{2}{3}}$$

ergibt. Infolge der Invarianz $k_{\text{St}} = k_{\text{St},R}$ ergibt sich als relative Abweichung (i.e. die Fehlerhaftigkeit) der Manning-Strickler-Fließformel

$$\Delta_{MS} = \frac{\left.\frac{V}{V_R}\right|_{MS} - \left.\frac{V}{V_R}\right|_{DW}}{\left.\frac{V}{V_R}\right|_{DW}} = \frac{\left(\frac{R_h}{R_{h,R}}\right)^{\frac{1}{6}} - \left[1 + \frac{lg\left(R_h/(R_{h,R})\right)}{lg\frac{3,7}{k_s/(4R_{h,R})}}\right]}{1 + \frac{lg\left(R_h/(R_{h,R})\right)}{lg\frac{3,7}{k_s/(4R_{h,R})}}}$$

Abb. A.2 stellt Δ_{MS} für Wasserstandüberschreitungen (bis zu einem Faktor 10) bzw. -unterschreitungen (bis Faktor $1/10$) für zwei Werte der relativen Rauheit, $k_s/4R_{h,R} =$ 0,001 bzw. 0,01, dar. Auch hier bewegen sich die Fehler in dem durch Manning-Strickler-Fließformel vorhergesagten Variabilitäten innerhalb von $\pm$ 10%. Diese Abweichungen sind für die Praxis ohne weiteres akzeptabel, da ja die Abschätzung des eigentlichen k_{St}-Beiwertes mit viel größeren Ungenauigkeiten verbunden ist.

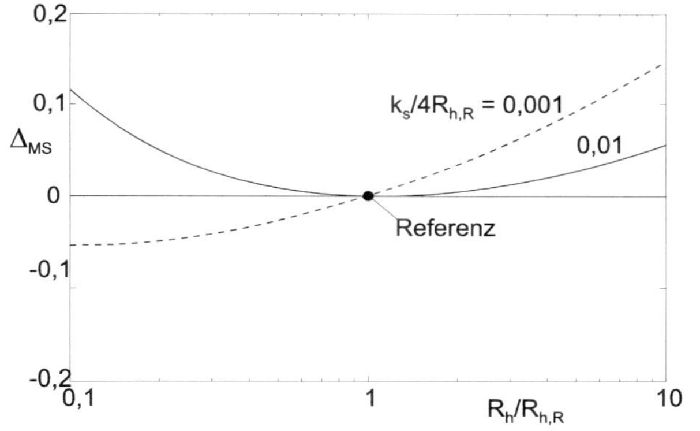

Abb. A.2: Relative Fehler Δ_{MS} in der mittleren Geschwindigkeit der Manning-Strickler-Fließformel als Funktion der Wasserstandsänderung $R_h/R_{h,R}$ und der relativen Rauheit $k_s/4R_{h,R}$.